投資理財 × 工作態度 × 尋找目標 × 權衡他人

有過財富
但都過去

給職場人士的生存建議，奧里森·馬登的21堂「守」富課

奧里森·馬登（Orison Marden）著
郭繼麟 譯

這個世界欠你一個美好的生活嗎？
工作失去動力、賺錢不顧德行、未來沒有夢想……
成功學大師的人生智慧，獻給尚未找到目標的你！

「原本有能力、有前途的人想要得到世界美好的東西卻不想給予回報，這樣的人將被視為醜陋的怪物、人類文明的敵人，最終被大眾所排斥。」

目錄

CONTENTS

第一章
自信創世界

第一章　自信創世界

「我向上帝發誓，我一定要做到。」1862 年 9 月，林肯在簽署《解放奴隸宣言》—— 十九世紀最為重要的一項法令時，在自己日記上寫道 ——「我向上帝發誓，我一定要做到。」難道會有誰懷疑這種不可動搖的決心給這個男人增添的無限力量嗎？要是沒有這種決心，他能夠成就如此偉大的成就嗎？任何人的嘲笑與諷刺 —— 敵人的恐嚇與朋友的背離 —— 都不能動搖他堅定的信念，一定要引領這個國家取得這場歷史上最為重要戰鬥的勝利。

拿破崙、俾斯麥及歷史上所有偉大的人物對自己都懷著無比堅定的信念，這種信念極大地增強這些人普通的能力。要是沒有這種信念，誰也無法取得諸如路德、衛斯理（John Wesley）或是薩佛納羅拉（Girolamo Savonarola）那樣的成就。要是缺乏這種不可動搖的信念，沒有對自身使命的堅定，聖女貞德是不可能帶領法國人民戰勝敵人的。正是自信的這種神性力量賜予了她無限的能量，甚至連國王都要聽從她的命令，她率領英勇的軍隊就好像是帶小孩一樣不費力氣。

威廉 · 皮特（William Pitt）被解僱後，他對德文郡的公爵威廉 · 卡文迪許（William Cavendish）說：「我敢肯定自己能挽救這個國家。」「在十一週裡，」班克羅福特（George Bancroft）說。「英國都沒有一個真正的牧師。」最後，英國國王與貴族意識到皮特卓越的能力，讓他恢復原職。

班傑明．迪斯雷利（Benjamin Disraeli）正是憑藉著對自身能力無與倫比的自信，獲得英國人民的認可，並擔任英國最高的官職。迪斯雷利這位曾經備受鄙視的猶太人，面對英國議員們的噓聲或是嘲笑聲時，並沒有氣餒或是垂頭喪氣。他坐在一群發出嘲笑聲的議員周圍，不卑不亢地說：「你們將會聽到我的聲音。」他正是感覺自身一股強大的自信，無懼別人的嘲笑，最終成為英國的首相，將別人的嘲笑與譏諷化為對他的尊敬與讚美。

羅斯福[01]總統的成功在很大程度上歸功於他難以撼動的自信。他相信羅斯福本人，正如拿破崙相信拿破崙本人。我們這位偉大的總統沒有一絲的羞澀或是半途而廢的品格。無論做任何事情，都懷著巨人般的自信。正是這種強大的自信，讓他在做很多事情前就已經成功了一半。讓人驚訝的是，這個世界會為那些懷著一顆堅定靈魂的人讓路，任何挫折障礙都會為那些相信自己的果敢之人讓路。當一個人覺得自己不行的時候，他是不可能將事情做好的。對一個深信自己、不會因別人的嘲笑而低沉的強大之人來說，世界上有什麼能夠擊倒他呢？貧窮不能讓他垂頭喪氣，不幸的遭遇不能讓他停下腳步，艱難困苦不能讓他絲毫偏離人生的目標。無論發生什麼，他總是專注於自己的目標，不斷地前進。

01　指狄奧多．羅斯福（Theodore Roosevelt Jr.）總統。

第一章　自信創世界

對一個有志於想要成為律師的年輕人，每天卻身處在一個醫學的環境下，花時間去閱讀醫學方面的書籍，你有怎樣的看法呢？你認為這樣做能讓他成為一名著名的律師嗎？不可能。他一定要讓自己置身於法律的氛圍，到他能夠吸收法律知識的環境，能夠受到法律知識薰陶的氛圍下，直到他對法律知識有所共鳴。他一定要「嫁接」到「法律之樹」上，感受這棵「大樹」流動的養分。

要是一個年輕人讓自己置身於充滿失敗的環境下，並一直待在這樣的環境，直到自己的腦海都充斥這樣失敗的思想，他要多久才能成功呢？對那些總是抱怨前路有難以逾越的障礙，認為自己每一步都在走向失敗道路的人來說，他還要過多久才會變得自我貶低，不斷談論失敗的事情，讓腦海都充斥著失敗的影像呢？這樣的人要過多久才能實現成功的目標呢？除了他相信自己能夠做得到之外，誰還會相信他呢？

失敗大軍的多數人都是從自我懷疑與自我貶低，或是失去對個人能力的自信，開始慢慢墮落的過程。一旦你開始自我懷疑，並逐漸失去對自己的信念，你就向敵人投降了。每當你承認自己的不足、弱點、能力不強的時候，你都是在削弱自信，這樣的做法將嚴重動搖成功的基礎。

只要你還懷揣著失敗者的想法，並且散發出疑惑與沮喪的氣息，你必將成為一名失敗者。轉過你的臉，切斷所有失敗的思想，遠離所有讓你沮喪的思想。懷著一顆強大的心，憑藉果敢的努力去面對你的目標，你會發現事情自然會為你而改變。但是，在你能夠真正實現自己的夢想前，你必須要在心靈中看到這樣一個全新的世界。正是因為你所看見的，你所相信的，讓你不斷努力地接近自己的目標，為之不斷奮鬥，漸漸接近目標。

「相信自己，所有人都會追隨你鋼鐵般的弦。」

我認識一些人為了找工作花了幾個月的時間，因為他們到面試官的辦公室時，總是讓言行舉止展現出自己的弱點。他們展現出自己沒有自信的樣子，他們失敗的影子在臉龐與舉止上展露無遺，他們在沒有開始作戰前就投降了，他們時刻牴觸著真實的自己。

當你懇求別人給你一個職位，別人一定會仔細觀察你的臉部表情與舉止。「請給我一個職位，不要把我趕出去。命運一直對我不公，我是一隻沒有運氣的狗。我感到很沮喪，我失去了自信。」要是你展露出這樣的情感，他肯定會立即對你產生鄙視的情緒。他會在心中默默對自己說，你不是一個真正的男人，從一開始就沒有男人該有的氣概。他只會想著如何儘快擺脫你。

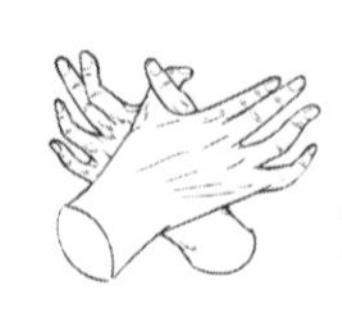

第一章　自信創世界

如果你想要獲得一個職位，你就要帶著一種勝利者的氣質進入面試官的辦公室，你在說服面試官自己就是他所要尋找的人之前，一定要充分展現自信。你一定要以自身的形象展現你的力量，展現你的精力、樂觀與熱情。自力更生包含著一種偉大與不可動搖的自我信念，這是朋友、名聲、影響力以及金錢最好的替代品。這是世界上最有價值的資本，讓我們克服更多的障礙，更加富於進取精神。

我採訪過不少性情羞澀之人，詢問他們為什麼讓機會白白溜走，卻被那些能力比他們還差的人抓住了。他們的坦白幾乎都是下面這樣的話。第一個人說：「我缺乏足夠的勇氣。」第二個人說：「我缺乏足夠的自信。」第三個人說：「我不敢去嘗試，害怕自己會犯錯，不敢承擔被人拒絕的那種羞愧感。」第四個人說：「我覺得要是大膽地介紹自己，這是一種厚顏無恥的做法。」第五個人說：「哦，我覺得自己不應該追尋比現在更好的職位。」第六個人說：「我覺得自己應該一直等待，直到更好的位置來找我，到那時我肯定已經準備好了。」由此可見，這些人給出的理由充分展現了沒自信的藉口。這種逃避的做法，這種羞澀的性情，這種自我貶低的做法，通常要比真正的無能更加阻礙我們取得成功。手裡提著油燈，你就能看清楚接下來要走的路，無論天色多麼黑暗，因為光總會追隨著你。不要想著一下子可以走很遠的路。「一步一步前進，就足夠了。」

女子學校的一位體育老師說，他的第一步就是要讓這些女生建立自信，引導她們去想結果，而不是實現結果的手段。他向女生們講解，更大的能量潛藏在肌肉背後，潛藏在心靈裡，並舉出了很多時常可見的例子，比如一個人身處巨大的危機 —— 身處火災或是其他災難時，都能讓肌肉爆發出巨大的能量。他就是透過這樣的例子講述，幫助女生們擺脫恐懼與羞澀的性情，克服重重困難，取得成就。

我相信，要是我們對自身的潛能有更為充分的認識，對自己有更為宏大的信念，我們所取得的成就將會更加偉大。如果我們能夠明白自身擁有一種偉大的神性，就應該擁有偉大的信念，這對我們產生巨大的促進作用。我們時常被古老陳舊的觀點認為人是低賤的，記住，上帝造就的我們，沒有任何低賤可言，我們身上的低賤都是自加的。上帝的創造是完美的，我們所遇到的問題是，大多數人的所作所為都是在嘲笑上帝塑造我們的模型與本意。一位哈佛大學畢業生在離開大學幾年後，曾這樣寫道，就是因為缺乏自信，他的週薪從未超過十二美元。一位畢業於普林斯頓大學的學生告訴我，他的日薪從未超過一美元，只是偶爾會超過這個數目。這些人都不敢承擔責任。他們羞澀的性情與對自身缺乏信念摧毀了他們的做事效率。很多人面臨的一大難題，就是始終

第一章　自信創世界

不深信自己的能力。我們沒有意識到自身所具有的力量。人活著，就要抬起頭，像一個統治者那樣活著，而不是像個奴隸那樣 —— 要像一個成功者，而不是失敗者那樣 —— 去評估上帝賜予的與生俱來的才能。自我貶低是對自己的一種犯罪。

要是你想讓自己變得卓越，內心就要時刻保持一種卓越的心態。一位有著總是逃避性格的「謙虛」之人，最多只能發揮其一半的能力，因為凡事逃避的性格與自我貶損的個性已經讓他不自覺地處於卑微的地位。一天，他告訴我，他要努力地克服這種自我貶損的個性。他說了很多方法，其中最重要的一點，就是他養成到街上閒逛的習慣，特別是到沒有熟人的街道上，他感覺自己很重要，想像著自己是這座城市的市長，這個州的州長甚至是美國的總統。他說，這樣的想法讓他獲益良多。他只是轉換了自己的思維方式，期望別人都能認可他是一位有能力的人。這樣的想法不僅讓他改變了自身的形象，更改變了他的信念。這讓他大大提升了對自己的評價，對整個品格都產生極大的積極作用。之前，每當他經過街道的時候，總是在逃避別人的目光，害怕別人對他評頭品足。現在，他勇敢地希望別人對他進行評價，甚至渴望別人認可他卓越的能力，因為他樂於別人見到他現在的形象。換言之，他已經窺見了自己神性的一面，他真實地感覺到自己的卓越，他富於自尊的行為已經充分展現了這種卓越。

你一定要明白一個道理，那就是你的成功永遠不可能超越你的自信。世界上最偉大的藝術家都可能在心靈一片貧瘠的時候描繪出最美麗的圖畫，你無法在一味地懷疑自己或是懷揣著失敗想法的時候去取得成功。讓你的心靈充溢著樂觀與積極的想法——想像著自己取得成就的光榮時刻，這將驅趕所有自我懷疑的幽靈，將所有的恐懼統統趕走，賜予你一種神奇的力量，讓你從失敗者變成一個成功者。無論你出身多麼貧窮，無論你多麼落魄，你一定要勇敢地抵禦逆境與貧窮，不能讓自己深陷其中。你要不時地在環境中肯定自己的卓越，永遠相信自己，感覺自己是在控制著環境，而不能讓環境把你套牢，你要下定決心，自己一定要成為一位大師，絕不能成為環境的奴隸。正是這種對自我卓越的肯定，正是這種對能力的肯定，正是這種對取得成功力量的追求——正是這種讓成功成為你與生俱來的特質的態度，給我們整個人帶來力量，極大地增強我們的綜合能力，讓所有懷疑、恐懼或是缺乏自信都無法發揮其破壞作用。

自信會將我們所有的優點都集合起來，將我們的優勢緊緊聚在一起，像一根線那樣牢牢凝成一股堅不可摧的繩索。自信帶來不可動搖的信念，讓別人對我們充滿信心。要是擁有了自信這種能力，有什麼是我們所不能成就的呢？憑藉著

這種神奇的力量，我們在發明創造、藝術領域或是探索發現方面必將無往而不勝！人類璀璨輝煌的文明難道不正要歸功於發明家、探索家、鐵路建造者、煤炭發掘者或是城市建造者對自身無與倫比的自信嗎？在人類歷史上，自信讓我們在科學領域或是戰爭中取得了數以千計的勝利，而這些勝利都是那些心靈脆弱之人所認為不可能的。

事實上，要是你深信自己能夠去完成那些看似不可能的任務，或是在別人眼中非常困難的事情時，這說明了你已經在內心窺見了自己有足夠的能力去將事情做好。

很多取得巨大成就的人都不知道信念本身產生了多大的作用。他們無法告訴你，為什麼滿滿的自信能讓他們取得成就。但是結果已經充分說明了，他們已經看到了自己內在的潛能與才華，正是憑藉著挖掘這種無限的潛能讓他們堅持了自身的信念。他們一直往前衝 —— 通常在只看到一絲光明的情況下 —— 依然懷著堅定的信念，相信所有事情都會變好的，因為他們的信念已經這樣告訴他們了。

信念這樣告訴他們，因為信念已經在內心與某種神性的東西有所交流，這種神性的東西越過所有的束縛，進入一種自由自在、無所拘束的狀態。

在我們開始鍛鍊自我信念、自信的功能之時，其實是在強化與增長一種我們心靈一直想要追尋的力量。對信念的鍛鍊有助於我們更好地去承擔自身所堅持的事業，因為更加專注的力量能夠開發大腦，讓我們能夠有所成就。

那些在這個世界上有所成就的人通常都是追隨本心的人。在他們看不見一絲光明的時候，在他們的信念穿越自我懷疑與困苦的荒野進入希望之地時，他們的信念依然強大。信念經常告訴我們，我們能夠安全無恙地穿越黑暗，雖然暫時還沒有看到前方的光明。信念是一位神性的領袖，從來不會誤導我們的方向。我們只要確定自己所懷揣的是信念，而不是自大或是自私的欲望就行了。

我們的信念讓我們與無限的力量相連接，為我們敞開了通往無限可能性的大門，讓我們能自在地發揮自身的力量，這就是人類的真理。我們可以堅信一點，就是信念從來不會誤導我們。

對自己不可動搖的信念能夠摧毀成就的最大敵人 —— 恐懼、自我懷疑與猶豫不決。這種堅定的信念將所有阻擋我們前進的軟弱與猶豫都統統掃除。對目標的信念 —— 相信造物者已經賜予我們力量去實現人生的使命，就好比已經融入我們的血液或是在烙在我們的腦細胞裡 —— 這就是所有力量的祕密所在。

第一章　自信創世界

貧窮與失敗都是自找的。人們懼怕哪些災難，哪些災難自然會找上門。憂慮與不安會弱化心靈的力量，嚴重影響我們的創造力與生產力，讓我們無法適當地發揮自身的能量。對失敗的恐懼或是對個人能力缺乏信念，這是失敗最大的潛在因素之一。很多才華橫溢的人只能過著平庸的生活，一些人則成為完全的失敗者，因為他們為自己所能取得的成就設下限制，認為超越了這個限制之外的地方是自己所無法跨越的。他們進行自我限制，在自己的前路上設置了障礙，他們的目標也只是過著平庸的生活，甚至預測自己必將取得失敗，總是在貶低著自己的能力，而不是對自己有正確的認識，一味貶低自己的天賦，看低自身的能力。

思想就是力量。時刻確保自身與生俱來的權利與取得成功的力量，這將改變我們所處的不良環境，讓我們處於順境之中。如果你下定決心一定要取得成功，你很快就能創造一種成功的磁場，事情都會朝著你所想像的方向發展。你能讓自己成為一塊成功的磁鐵。

「如果事情能夠有所轉機就好了！」你會這樣懇求。事情要怎樣才能有所轉機呢？單純的願望或是立即行動？——一味地夢想還是立即工作？在你呆呆低坐在那裡，心中希望事情有所轉機的時候，事情就能如你所想像的那樣改變嗎？要是你想建造一座房子，但你只是坐在那裡，夢想著房子很快就能建好，那你要等多久呢？一味的願望是一文不值的，除非你能以努力、決心以及毅力去作支撐。

韋伯斯特的父親在兒子丹尼爾 (Daniel Webster) 拒絕了一份在新罕布夏州民事法院擔任書記員 —— 這份工作的年薪高達一萬五千美元後，備受他人的責備，甚至有人為他覺得惋惜。因為他的父親非常努力賺錢讓兒子讀完大學。父親說：「丹尼爾，你真的不想到那裡工作嗎？」「是的，父親，我真的不想在那裡工作，我覺得自己能做得更好。我希望在法庭上運用自己的唇舌，而不是我的筆。我要成為一名演員，而不是成為其他人行為的記錄者。」無比的自信正是這位巨人輝煌的人生最好的詮釋。

每個小孩都要接受期望成功的教育，相信天生我材必有用，正如橡子相信自己注定能成為橡樹一樣。要是父母或是老師告訴孩子說他們很愚蠢，或是說他們希望孩子能更聰明一些的話，這是非常殘忍的做法。父母與老師應該鼓勵孩子，深信孩子與生俱來的天賦，相信他們未來能有所作為。孩子從小就該接受期望美好事情的教育，應該深信上帝賜予自身的天賦，足以讓他在這個世界上有所成就。

要是沒有了自信與鋼鐵般的意志，人不過是一個機會主義者 —— 成為環境的玩偶。要是擁有了自信與鋼鐵般的意志，他就能成為一個國王。我們應該從一開始就給孩子灌輸這樣的教育理念，讓他們成為生活的統治者。

如果你想成為一個高尚的人，就不能懷抱卑賤的思想——那種認為自己不及別人的想法，認為自己沒有別人擁有更出色能力的想法，認為自己做不了這個，做不了那個的想法，都是極度不可取的。「做不了」的想法只能給我們帶來消極的影響，不斷將我們拉低，從來不會給予我們任何積極的影響。如果你想要在這個世界上有所成就，你就一定要抬起你的頭顱，時刻對自己說：「我不是乞丐，我不是傀儡，我不是失敗者。我是王子，我是國王。成功是我與生俱來的權利，任何人都不能剝奪我的這種權利。」

適當的自尊絕不是一種庸俗的特質，相反，這是一種非常神聖的特質。正確地評價自己，就能窺探無限的計畫在我們的心靈運行。這是一幅完美的影像，是造物者在塑造我們時就在我們的心靈刻畫好了。這幅完美的影像就是完美的男人與女人，不是侏儒、猥瑣的男女，也不是缺乏自尊與自信的人。在我們窺探到自身永恆的自我時，就能看到之前所無法想像的無限性。一種圓滿的感覺——一種力量與自信的感覺——這些都將進入我們的生活並改變我們的人生。當我們適當地評價自己，我們就與無限的力量同步，我們的能量就會與一根傳送無限能量的電線相連接。我們將再也不會在黑暗、疑惑或是軟弱中打滾，我們將變得不可戰勝！

第二章
喚醒自我

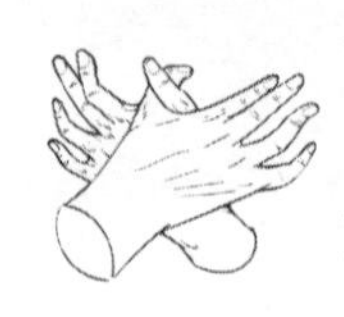

第二章　喚醒自我

「我的兒子做得怎樣啊，達維斯？」約翰．菲爾德（John Field）的父親看見自己的兒子馬歇爾在等待顧客的時候，這樣問道。「約翰，你我都是老朋友了。」迪肯．達維斯回答說，手從盤子拿來一個蘋果遞給菲爾德，作為一個友好的表示。「我們是老朋友了，我不想傷害你的情感。但我是一個有話直說的人，肯定要跟你說真話。馬歇爾是一個心地善良、勤奮的孩子，但他要是待在我的商店裡工作的話，即便是做上一千年，還是無法成為商人的。他不是做商人的料。約翰，將他帶回農場，教他如何擠奶吧。」

如果馬歇爾．菲爾德（Marshall Field）一直待在迪肯．達維斯位於麻塞諸塞州彼得斯菲爾德的小商店裡當小職員，他就永遠不可能成為世界聞名的商業巨擘。但在他來到芝加哥，看見很多貧苦的男孩都取得了成功之後，這激發了他內在的野心，滿懷著堅定的信心，一定要成為著名的商人。「如果其他男孩都能取得如此輝煌的成就，」他對自己說。「為什麼我就做不到呢？」

當然，菲爾德本身從一開始就有成為著名商人的潛質，但是環境——一個喚醒自我的環境——在激發他潛能與喚醒他內在力量方面發揮了巨大的作用。要是他不去芝加哥，而去其他地方的話，他能否如此迅速地取得輝煌的成就是值得懷疑的。1856 年，年輕的菲爾德來到芝加哥，這座城市正在展開史無前例的大變革。當時這座城市只有八萬五千名居民，幾年前，這裡只不過是一個印第安人進行貿易的小村落而已。但是這座城市實現了跨越式的發展，迴蕩著很多富於頭腦的人的美好期望。空氣中彌漫著成功的氣息，每個人都能感覺到這裡潛藏著無限的可能性。

很多人似乎認為，野心是一種內在的東西，很難加以提升，這是一種自身會調節並且釋放的能量。但其實上，這種激情能迅速對我們所接受的教養給予回饋，需要我們不斷給予細心的呵護與教育，正如對音樂與藝術的培養，要是長時間中斷的話，這種細胞就會枯萎。

如果我們不去努力實現我們的目標，那麼這個目標就逐漸變得不那麼明確或是深刻了。我們的機能要是缺乏鍛鍊的話，就會漸漸變得沉寂，很快失去自身的能量。要是我們多年來都不去使用鍛鍊這種能力，為人懶惰與冷漠，那麼我們又怎麼能期望這種目標能夠時刻保持新鮮感，依然充滿活力呢？如果我們總是任由機會從身邊溜走，從來不想著努力把握的話，我們的天性就會變得越來沉寂與軟弱。

「我最需要的，」愛默生曾說，「就是有人讓我去做我能做的事情。」去做我能做的事情，這才是我真正應該關心的事情，而不是拿破崙或是林肯能做的事情。我是否能夠給這個世界帶來最好或最壞的東西 —— 我是否能夠發揮自身百

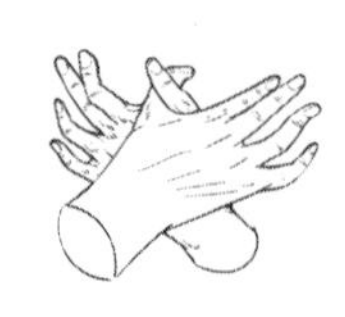

分之十、百分之十五、百分之二十五或是百分之九十的能力——這才是我應該關注的事情。

我們到處可見一些人步入中年後，依然沒有喚醒自身的潛能。他們只是發揮了自身成功潛能很少的一部分，他們大部分的能量依然處於沉睡的狀態。他們身上最美好的部分依然深藏不露，從來沒有被喚醒。在遇到這些人的時候，我們能夠感覺他們身上還有很多潛能尚待挖掘，但卻始終得不到開發。很多人身上非常有價值或是成就的潛能，都在不經意間慢慢被浪費掉了。

不久前，一則新聞報導一個女孩在十五歲的時候，心智依然還處於小孩子的狀態，她所感興趣的事情非常少。她總是在幻想，行動緩慢，對身邊的絕大多數事情都顯得非常冷漠。直到有一天，她在大街上聽到大型手搖風琴演奏，她內心的潛能突然間被喚醒了。她找到了真正的自我，她的潛能被激發出來了。幾天後，她就像變了一個人似的。幾乎就在一天的時間裡，她就從小孩子的狀態進入了少女時期。其實，大多數人都有巨大的潛能，身上蘊藏著不可估量的力量，正如這個女孩身上所沉睡的潛能一樣。要是我們能喚醒這種潛能的話，一定會創造奇蹟的。

西部一座逐漸繁華的城市的市法院裡，有一位法官被視為本州最受人尊敬的法官，但在人進入中年的時候，依然沒有喚醒自己的潛能，還是一個不識字的鐵匠。現在，他已經六十歲了，是這座城市最好的一座圖書館的所有人，他享有學識淵博的名聲，現在最大的目標就是説服其他人學習。到底是什麼促使他的人生產生這麼大的轉變呢？就是在聽到一節關於教育價值的演講後，他的人生發生了改變。這場演說喚醒了他內心沉睡的能量，喚醒了他的野心，讓他走在不斷自我發展的道路上。

我認識的幾個人，他們都是在人到中年後才發現自己的潛能。他們在閱讀一些勵志或是激發人心的書籍，在與某些具有高尚情操的朋友——這些理解、相信與鼓勵他們的朋友——交談後，像是在一場長時間的沉睡中甦醒過來了。

你與那些欣賞你的能力、相信你的能力、鼓勵並讚揚你的能力的人，或是與那些總是給你潑冷水，扼殺你的希望的人在一起，對你來說，這兩者有著天淵之別。

紐約青少年法院的緩刑監督官在 1905 年的報告上寫道：「讓男孩與女孩遠離一些不良的環境，這是讓他們改過自新的第一步。」紐約防止虐待兒童社團在三十年的時間裡，對超過五十萬涉及到社會與道德問題的孩子進行調查後，得出了一個結論，那就是後天的環境所產生的影響要比先天的遺傳更為重要。

第二章　喚醒自我

即便是我們中最為強大的人都不能超越環境的限制。無論他多麼獨立，意志多麼堅強，下多麼大的決心去改變自己的本性，我們每時每刻都深受自身所處環境的影響。假使讓那些出生血統最高貴、天賦最高的孩子被野蠻人撫養，他們身上的潛能還能剩下多少呢？如果他們從小就成長在充斥著野蠻與殘忍的氛圍下，當然他們也會成為野蠻人。有一個關於出生在富貴之家的孩子，從小就被家人拋棄，被一隻野狼當成小狼那樣撫養，那麼，這個孩子就肯定會學到野狼的所有特徵 —— 四腳走路，像狼一樣嚎叫，啃東西也像野狼一樣。

大多數人都並沒有下很大的決心去改變自己的生活，我們只是很自然地遵循身邊的榜樣。一般來說，我們都會隨著環境的大趨勢而「潮起潮落」。詩人們所說的「我是我所遭遇的事情的一部分」的這句話，不僅只是一時靈感激發所想起的，而是一句絕對的真理。所有事情 —— 包括一場布道演說、一場演說、聽到的一場對話，每個觸動你人生的人 —— 這些東西都在你品格上留下了深刻的印記，你與未經歷這些東西之前再也不一樣了。你肯定會有所不同 —— 與之前的你不再一樣 —— 正如比徹（Henry Ward Beecher）在閱讀了羅斯金（John Ruskin）的作品後，與之前的他再也不一樣了。

幾年前，一群俄國工人被一間俄國造船企業派遣到美國，他們來這裡是學習美國的造船方法與吸收美國的精神。

在短短的六個月裡，這群俄國人的技術已經堪比美國的技術工人了。他們的視野得到了拓展，個性得到了發展，增強了做事的主動性，在工作中呈現出個人的卓越性。在回到俄國的一年時間裡，他們又身處在一直死氣沉沉、沒有絲毫進取的環境下，這些人失去了之前的進取心，又成為了普通的工人，每天的工作失去了目標，之前在美國被激發的熱情又慢慢沉睡了。

我們的印第安學校有時會出版一些從印第安保留地走出去畢業的學生的照片 —— 這些學生穿著得體、雙眼閃耀著智慧的火花，我們猜想這些學生日後能有所作為。但是大部分學生在努力堅持了一會他們全新的標準後，還是回到了原先的部落，逐漸又回到了他們原先古老的生活方式。當然，也有一些例外。這些學生無不是有著堅強的個性，有能力抵禦那種讓自己下滑的趨勢。

如果你訪問今天的失敗大軍，你就會發現很多人之所以失敗，就是因為他們從未處在一個充滿熱情、鼓勵與競爭的環境，因為他們的野心從未被喚醒，或是因為他們自身不夠強大，無法抵禦讓人沮喪、鬱悶或是險惡的環境。我們發現在監獄或是貧民區的很多人都是遭受不良環境所致而墮落的典型例子，這樣的環境將他們身上最壞的一面激發出來了，而不是將最好的一面喚醒。

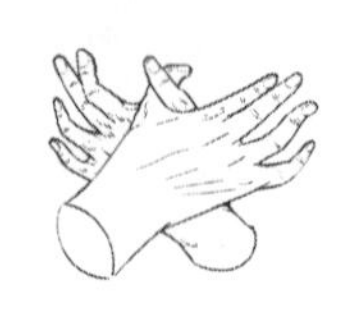

第二章　喚醒自我

無論你從事怎樣的工作，都要不惜一切代價去讓自己身處一個能夠喚醒自我的環境，不斷激發你的潛能。要與那些理解你的人、相信你的人以及幫助你發掘自身並鼓勵你去實現挖掘最大潛能的人在一起。對你來說，這會造成輝煌的成功與平庸的生存間巨大的反差。向那些不斷努力嘗試以及努力出人頭地的人學習——向這些擁有高遠志向、崇高目標的人學習，與那些做事認真的人為伍。雄心壯志是具有傳染性的，你會被主宰你環境的那種氣氛所感染。你身上已經成功的那一部分會繼續鼓勵你更加努力地去奮鬥，即便你有些方面做得還不夠理想。

那些不斷為崇高目標奮鬥的人，身上擁有一種巨大的能量，這種巨大的能量最終會幫助他們實現自己的夢想。和那些夢想與你一致的人一起奮鬥，這是非常讓人興奮的事。如果你缺乏能量，如果你本性就懶惰，只想著做容易的事情，那麼你就會被那些更有大志的人不斷催趕。

第三章
用心接受教育

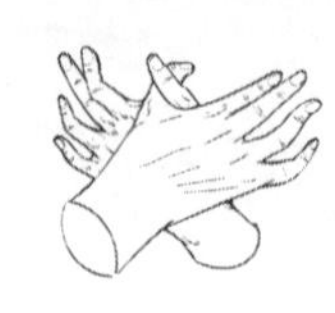

第三章　用心接受教育

有人建議約翰·沃納梅克（John Wanamaker）進行一個發掘並打撈半世紀前沉沒在海底、裝滿金幣的西班牙輪船的計畫時，他回答說：

「年輕人啊！我知道還有比這更好的計畫，就在此時此地，就在你的腳下就蘊藏著數不盡的財富。只要你肯認真去研究與努力的話，你就一定能找到。」

「我們不要滿足於開採現有的煤礦，不滿足於現有馬力最足的火車頭，不滿足於數量已經非常多的地毯。但是，在挖掘、錘子的敲擊、織布機發出的噠噠聲、機械發出的轟鳴聲中，記得上帝親手賜予我們永恆的『機械』結構 —— 我們的心智 —— 必須要得到最為充分的訓練，以給予世界最為高級與高尚的服務。」

沒有接受過教育的人始終處在劣勢的位置。無論一個人擁有多麼優秀的天賦，如果他缺乏教育，依然會顯得無知，無法成就大事。擁有能力本身是不夠的，我們還必須要有心智的自律。

在這片盲人、聾人、啞人，甚至是殘疾人、體弱者都能獲得良好教育的國度裡，我們應該對自己的無知感到無地自容。

很多年輕人拋棄了每一個接受自我教養的小小機會，因為他們覺得這樣的機會太小了，微不足道，他們要等待足夠大的機會。他們讓歲月的年輪就這樣悄無聲息地溜走，卻始終沒有努力讓自己得到提升。當他們人到中年或是更遲的時候，就會感到非常震驚，因為他們猛然驚醒，原來他們對一些自己本該知道的東西一無所知。

無論在哪裡，我們都能看到很多男男女女，特別是那些年齡在二十五歲到四十歲左右的人，他們都是因為早年沒有接受良好的教育而影響了日後自身的發展，寸步難行。我經常收到這些人的來信，他們都在信中向我請教，在現在的年齡該如何去學習呢。當然，亡羊補牢，為時未晚。現在這個時代，有很多函授學校可供他們去選擇，比如肖托夸村[02]這一夏季教育性集會中心，還有很多夜校、講座、書籍、圖書館或是期刊，都是他們可以選擇的。只要他們真的下定決心提升自己的話，還是有很多機會可以做到的。

在你一味抱怨自己缺乏早年的教育，覺得現在才開始學習已經很晚的時候，你幾乎可以肯定，身邊不遠處的很多年輕男女們此時正在如飢似渴地吸收著知識的養分，不斷提升著自己的素養，雖然他們可能還沒有得到像你這麼好的學習機會。

02　美國十九世紀的一份期刊的名字。

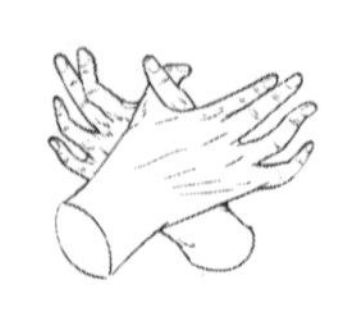

第三章　用心接受教育

我們要做的第一件事，就是要狠下決心，一定要讓自己成為一個接受過教育的人，你不能忍受渾渾噩噩度過自己一生的悲劇，也不能背負無知的恥辱。如果你早年因為種種原因無法得到更好的教育，你還是可以彌補早年的損失。下定決心，再也不能讓缺乏教育讓你處處受限，你一定能夠想辦法彌補這樣的缺陷。

你會發現，當你改變了自己的態度，整個世界就會對你改變原先的模樣。你會驚訝地發現，在你狠下決心這樣做的時候，自己的心智能夠在短時間內就得到迅速的提升。記住，你要以你賺錢或是學習一門手藝那樣的堅定決心，去接受教育，去不斷學習。每個正常人都有一種神性的渴盼，那就是自我拓展，不斷追求更為寬廣的自我，記住不要抑制這樣一種對自我拓展的渴望。

人生來就是要成長的。成長是我們的目標，也是我們自身存在的一種解釋。我們每天都要有一種不斷成長，不斷拓寬自身的願望，不斷將無知的地平線推遠，掌握越來越豐富的知識，變得越來越睿智，更加具有一個真正的人的氣質 —— 這才是我們值得追求的目標。所謂教育，並不是一概指代在學校裡學習幾年的生活。那些學識最為淵博的人都是那些不斷學習，不斷從各種資源或是機會中學習與吸收知識的人。

我認識很多年輕人都接受過良好的教育，也有良好的教養，還有很強的觀察能力，他們口袋裡時常有一本小書，利用一些零碎的時間去閱讀，或是到夜校那裡上課。他們雖然沒有接受過正規的教育，但也是能獲取知識的。年輕人在接受全新觀點的時候都是非常迅速的，並且願意與那些具有淵博學識的人在一起交流，這讓他們不僅能夠感受到別人的個人魅力，更能在很大程度上發展他們的心智。

這個世界就是一所偉大的大學。從搖籃一直到墳墓，我們都是身處在上帝所創造的這所偉大的「幼稚園」裡，所有事物都似乎在教會我們一種東西，向我們展現它們所蘊含的偉大祕密。一些人總是在不斷地學習，吸收著各種寶貴的知識，任何事情對他們都是有一定收穫的。這一切都取決於我們能否用雙眼去觀察，用心智去感受。

真正懂得運用雙眼去觀察的人少之又少。很多人一生都只能看到事物的表面，他們的雙眼似乎「近視」了，只能看到事物模糊的表面，很多細節都看不清，無法留下深刻的印象。但是，眼睛原本應該是我們接受教育的巨大工具，然而我們的大腦就像一個「犯人」，始終無法感受到外面的世界。很多時候，我們需要五官去感知這個世界的物質，而在很大程度上，我們是透過眼睛來完成這種感知的。那些真正掌握了如何觀察事物的人，其實都是用心靈去感知的。

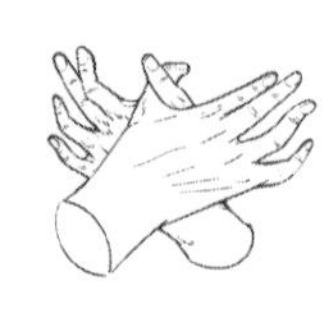

第三章　用心接受教育

我認識一位父親，他正在訓練自己的兒子鍛鍊觀察的能力。他讓兒子走在一條陌生的大街，走上一段時間，然後在兒子回來後問他觀察到了多少東西。他讓兒子經過商店的櫥窗、博物館或是其他公共場合，看看兒子回家後還能記住多少，還能描繪出多少。這位父親說，這樣的鍛鍊讓兒子養成了一種認真觀察事物的習慣，而不是泛泛地路過身邊的事物。

一位新來的學生去找哈佛大學的教授阿加西 (Louis Agassiz) —— 這位著名的自然學家時，阿加西給他一條魚，讓這位學生觀察半個小時或是一個小時，然後描述出他所見到的東西。在這位學生覺得自己已經將這條魚的所有一切都描繪出來後，「你還沒有真正地看到這條魚呢。再觀察久一點，然後告訴我你所看到的。」他讓這位學生反覆地做了幾次，直到這位學生培養了一種優秀的觀察能力。

如果我們在日常生活裡能夠像在審訊某樣東西那樣，對事物保持著一種敏銳的視覺、探尋的心態，我們就能收穫非常重要的心靈財富，這些智慧是超越所有物質財富的。

羅斯金的心智就是透過對鳥類、昆蟲、野獸、樹木、河流、高山、日落與山川的景象、甚至是憑藉雲雀的歌聲與小溪潺潺的流水聲的記憶來得到增強的。他的大腦裡儲存著數以千計的畫面 —— 有名畫、建築、雕塑等許多讓他時常感到快樂的畫面。只要我們有心去探尋，任何事物都能給予我們一種啟發，給予我們一種祕密。

培養一種從任何事情吸收資訊的習慣，具有無限的價值。一個人軟弱與無力的程度，與他遠離同類的程度成正比。在我們與別人進行交流的時候，始終有一股能量在湧動，在川流不息，雙方對知識的探尋會讓這種交流更趨有趣。我們在與別人交流的時候，其實是始終處在一個不斷給予與吸收的過程。今天那些有所成就的人的身邊一定會有很多朋友時常與他們進行交流，他一定要把自己的手指放在當今這個忙碌世界的脈搏上，感覺充滿活力的生活。他一定要成為這個世界的一部分，否則他的人生就會有所缺陷。

要是某人只有一種才能，倘若能夠最大限度發揮的話，也要比十個天賦超群但無知的人強得多。教育本身就意味著被吸收的知識，成為本人思想的一部分。正是那種表達自身力量的能力，說出自己所知道的東西，才是真正衡量我們效率與成就的標竿。被壓抑的知識是毫無用處的。

那些感覺自己缺乏教育，並且願意為接受教育付出努力的人，能在一年之內通過接受導師的培訓，學習不同方面的知識，獲得迅速的提升。

那些想要努力接受教育的人所面臨的一個危險，就是他們可能在學習的時候，出現散漫、不連貫或是毫無目的的學習，這樣的學習就無法得到那種一開始就明確以自我提升為目標的教育的效果。那些打算在家裡自學的人，最好應該讓那些有能力、受過教育的人幫他們制定計劃。這只有在建議者知道你的職業、你的品味或是你的需求時，才能制定你最好的學習計畫。任何想要接受教育的人，無論是生活在鄉村還是城市，至少都能找到一個指引自己學習的人，這些人可以是老師、牧師、律師或是其他在城鎮裡有學問的人。

自我學習有一個特別的優勢——你能按照自己特殊的學習需求去學習一些知識，這不像你在學校或是大學的時候需要進行通識教育。每一個人到中年卻沒有接受過教育的人首先都應該學習與自己職業相關的知識，然後盡可能地向其他方面進行拓展，不斷拓展自己的知識面。

人們可以學習很多門學科，包括歷史、英語文學、修辭學、圖畫、數學等，這些你都可以自學，你也可以在老師的指導下，掌握一門外語。

在日常生活裡就注重搜集寶貴的知識為日後的生活所用，閱讀一些鼓勵或是激發你不斷努力的書籍，不斷努力提升自己的素養，改善自己在世上的處境，對年輕人來說，這要比他們在銀行有存款更為重要。

這個國家不知有多少女生因為自己沒有上大學而感覺在這個世界上寸步難行。但是，她們有時間與物質條件去幫助她們得到良好的教育，但她們卻在無聊的娛樂或是一些對她們品格塑造毫無意義的事情上浪費才智與機會。

在家裡透過自學來學習大學的主要課程，這雖然不是非常正規，但至少也是一種比較好的方法。在家裡自學的時候，要是我們全身心地投入到學習中去，這其實與我們在大學裡學習是一樣有益的。

每一個注重秩序的家庭都應該為那些想要學習的人留下時間。漫長冬夜的每天晚上，最好安排出一個固定的時間，當然這個時間需要家人的同意。在這段安靜的時間裡，家人可以用來鍛鍊心靈的專注度，用於富於價值的心靈自律鍛鍊。記住，這些安靜的時間不要讓偷走你時間的拜訪者打擾。

在成千上萬的家庭裡，很多家人都關注於對方的利益，他們可以不斷給予對方鼓勵，幫助他們一起前進。要想讓所有人坐下來閱讀、學習或是進行各種自我提升的鍛鍊，這是不大現實的。也許，某人缺乏關愛別人的念頭，總是打擾別人集中精神；或是與你的目標或是認真努力的人生沒有任何交集的人，整晚只想著在無聊的閒談中度過。他們在維持生計或是娛樂的問題之外，沒有其他更為高遠的理想，這些人還不知道到底是什麼在阻擋著他們取得成功。

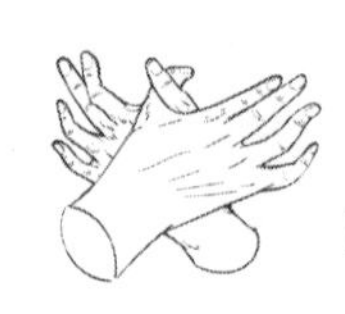

第三章　用心接受教育

每天晚上，我們都會遇到引誘我們浪費時間的事情，因此，這需要你擁有一顆堅定的心去暫時遠離喜歡開玩笑、親切與友愛的家庭圈子，或是一些心地善良的青年拜訪者。這樣做能讓你從一群毫無目標的人群中脫穎而出，遠離那些除了知道自己工作而對其他事情一無所知的人。

養成強迫自己立下堅定的決心，系統性地安排學習，即便一次只能持續幾分鐘，這樣的學習本身也是富於價值的。這樣的習慣有助於更好地利用零碎時間，這對大多數人來說都是被隨意浪費掉的，因為他們從未培養在中斷的間隙專注精力的習慣。

對閒暇時間所具有的潛能擁有良好的認識，這是我們成功的重要資產。

不斷努力提升自己，抓住每個機會去讓自己做得更好，凡事都以認真的態度去做，下定決心要在這個世界上出人頭地，有所成就，這將給予我們無限的幫助。所有人都欣賞那些不斷努力奮鬥的自助者。人們都會不斷給予這些人一些機會，這樣的名聲就是每個年輕人踏上社會最寶貴的資產。

很多聰明之人遇到的問題，就是他們意識到自身接受的教育還不夠，感覺無法最為充分地利用閒暇時間。就像很多男孩從來都不節省幾分錢或是幾毛錢，因為他們覺得這些小錢不足掛齒，因為他們沒有看到如果將這些錢累積起來，最終也會得到一筆大數目。他們沒有看到透過利用每天一些零碎時間去學習，最終能彌補未能接受大學教育的遺憾。

我認識一位年輕人，雖然他從未上過高中，還是透過自學，成功地獲得了一所大學的教授職位。他的大部分知識都是他利用工作之餘的零碎時間去學習的，零碎時間對他來說意味著財富。

函授學校在引導數以萬計的人們——包括職員、磨坊工人、從事不同工作的員工——獲得教育方面發揮了重要作用。函授學校不僅可以給這些人提供相應的課程，也能讓他們利用好閒暇時間，不然的話，這些時間都會白白被浪費掉。我們經常聽說某些人迅速獲得提拔的例子，這些人不少都是提供函授學校的學習來不斷提升自己的知識水準。很多學生從他們對教育的投資中獲得了數十倍的受益。這樣的學習讓他們免於長久以來的負累，縮短了他們走向成功的道路。

對那些不願意為接受教育而自我犧牲，不願意刻苦努力的人，智慧的大門是不會敞開的。智慧女神的的「珠寶」太寶貴了，不會隨便散落在那些懶散與毫無目標的人身邊。

無論付出怎樣的代價，都要讓自己遠離無知的堅定決心，這是我們獲取教育的第一步。

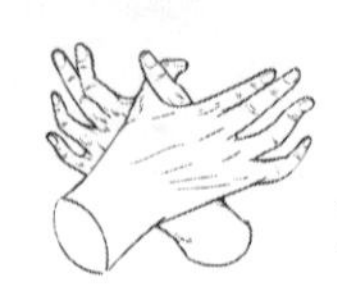

第三章　用心接受教育

查理斯·華格納曾寫過一封信給美國，內容是關於他的小兒子。「希望他懂得時間的價值。上帝保佑那些凡事盡全力、從不浪費上帝賜予的寶貴時間的孩子。」

在漫長的冬夜與人生的零碎時間裡，蘊藏著巨大的財富。一個偉大的機會正在等著你，你會怎麼做呢？

第四章
不惜一切代價換取自由

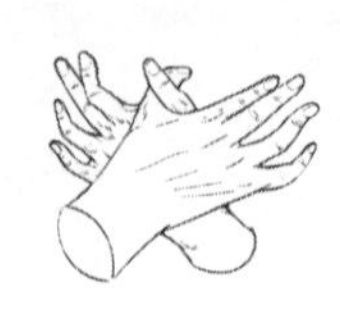

第四章　不惜一切代價換取自由

在人生漫長的時光裡，你願意冒著名聲、物質財富、未來的風險，去迎接身體或是心靈的挑戰嗎？你應該提前為能在衝突中做出決定性的結果而做好訓練或是自律的準備。要是你這樣做的話，那麼你的人生就不會受此限制。

每個懷抱大志的人都想讓自己的人生發光發亮，都想去做富於價值的事情。那麼，懷抱這樣希望的人就進入了一場競賽。這場競爭一開始就如此激烈，意義如此重大，影響著我們的未來。我們要做的事情就是要擺脫所有可能影響我們實現夢想的東西，實現完全的自由。遠離任何讓你感到沮喪的東西，遠離任何阻擋你進步的事物，遠離任何榨取你活力，讓你成為奴隸或是浪費你精力的工作，移除你成功道路上所有的障礙，為前進掃清道路。

無論一位跑者多想贏下比賽，如果不努力訓練將自己身上的贅肉去掉，如果他被身上多餘的贅肉所限制，或是雙腳感到疼痛的話，那麼他肯定會輸掉比賽的。

絕大多數人遇到的問題是，雖然我們都懷著想要成功的野心，但卻沒有讓自己處於成功的狀態，沒有斬斷捆在身上的繩索，或是努力擺脫任何阻擋我們前進的障礙或是糾纏。我們過分相信運氣了。

要想消除任何可能影響前進的東西，盡可能地處於和諧的環境，這是我們成就偉大事業的首要準備條件。數以萬計的人有能力與野心從平庸的生活中掙脫出來，去做一些對這個世界有價值的事情，但他們卻總是無法脫穎而出，因為他們不能斬斷阻擋自己前進的繩索。多數人都身陷自身性情的束縛，無法讓才華得到自然的釋放。我們沒有獲得足夠的自由去做自己有能力做得更好的事情。我們的人生顯得那麼渺小、卑鄙，而我們其實可以成為更為宏大與偉大的人，只要能夠擺脫所有困擾我們的障礙。

每個正常人身上都儲藏著一種能量，擁有一種巨大的能量與一個目標，這種能量與目標原本可讓人生更加強大與圓滿，要是能夠自由表達自身最為宏大與美好的自我，要是他能不受一些身體或是道德上限制的話，就能做到。

你能用一條很小的繩索套住一匹強壯的馬，那麼這匹馬就無法發揮它最大的速度與力量了，直到把它身上的繩索解掉。我們到處可見很多才華橫溢的人因為糾纏於一些無關緊要的事情而影響他們發揮自己的能力。他們只有在完全擺脫這些事情的糾纏後，才能更好地前進。

即便是一個巨人，要是將他困在一個狹小的空間裡，也是無法自由地施展自己的能量，也會變成一個弱者。

很多人生活在一種壓抑與不良的環境裡，所處的環境氣氛澆滅了他們的熱情，讓他們為之奮鬥的理想與努力都顯得無力，浪費掉了寶貴的精力與時間。他們沒有勇氣或是動力去掙脫套在他們身上的枷鎖，沒有足夠的勇氣去擺脫這些束縛，不敢爭取成為一個自由人，在自由的環境下發揮自己的才華，他們的夢想之火最終在沮喪的環境與緩慢的行動中熄滅。

我還記得一位擁有藝術細胞的年輕人，他白白浪費了幾年寶貴的時間，從一個工作換到另一個工作，從未想過激發上帝賜予他的天賦，或是盡最大努力去擺脫阻礙他從事偉大事業的一些小挫折，雖然他的內心總是為這樣的藝術夢想所纏繞。他在每天的工作中都意識到這樣的一種呼喚，但他的心靈卻總是置之不理。他的藝術細胞總是在不斷呼喚著他表達出來，遠離現在讓自己的本性每時每刻都在反抗的工作，到國外去學習藝術。但是他出身在貧窮之家，雖然工作勞累，靈魂在為他啜泣，但他還是害怕，害怕要是自己聽從心靈的呼喚，將要遭遇許許多多的挫折與困難。他不斷地下決心要從事自己喜歡的工作，想著要追隨本心，但是他總是在等待著一個更好的機會，直到幾年後，他發現其他事情已經占據了他生活的中心，他對藝術的渴盼已經越來越微茫，心靈呼喚的聲音也越來越微弱了。現在，他很少談到自己早年的夢想了，因為他的夢想已經死去了。那些了解他的人都知道，他身上某些極為重要與神聖的東西已經死去。雖然他還是那麼勤奮與誠實，但他從未真正釋放出自己人生的價值，將自身最高的潛能挖掘出來。

我認識一位女性，她在少年時期及成年時展現出卓越的音樂天賦 —— 她的聲音富於質感、具有力量與一種憐憫之情。她長得也很漂亮，具有強烈的個人魅力。上天對她非常慷慨，她想釋放出自己這樣的一種才華，但她身處在讓人沮喪的環境裡。她的家人理解她的夢想，也同情她的夢想，她最終還是習慣了環境加在她身上的枷鎖，活像一個犯人，不再想著努力掙脫枷鎖，獲得自由了。一位享譽國際的女歌星曾聽過她的歌聲，說她的聲音能讓她成為世界著名的歌手。但是她屈服於自己父母的願望與對社會的想像，最後，她的夢想逐漸從她的生命中消失。她說，這種歌唱的激情從她的生命消失，這對她是一種難以言喻的苦楚。她安於一位妻子的責任，但並不感到快樂，臉上總是帶著若有若無的失落之感。她尚未挖掘的才華對這個世界是一種損失，對她而言，更是無法用言語表達的傷害。現在，她只是憤懣地生存著，總是為過往錯失機會而懊悔，為自己夢想的毀滅而感到憂傷，為自己從未努力實現夢想而心碎。

羞澀是通往自由之路的一大敵人。這個國家數以千計的有志青年男女都想發揮自己的才華，但卻因為自身過分的羞

澀所限制或是阻礙，對自己缺乏足夠的信念。他們感覺體內還有很多尚未發掘的力量亟需得到釋放，但又害怕要是自己失敗了該怎麼辦。那種害怕被他人視為出風頭或是自大的想法讓他們緊閉雙唇，讓他們雙手顫抖，讓他們的夢想在沒有行動前慢慢死去。他們不敢為不確定的東西而放棄確定的東西，他們害怕往前衝。他們不斷地等待，等呀等，希望某些神奇的力量能夠解放他們，讓他們獲得自信與希望。

很多人都身陷無知的牢籠裡，從未擁有過教育所給予的真正自由。他們的心靈能力始終無法得到釋放。他們沒有足夠的毅力去為解放自己而奮鬥，沒有足夠的動力去努力學習，以彌補早年因為各種原因而落下的教育。他們認為現在已經太晚了，獲取自由的代價對他們來說似乎太高了。所以，他們心甘情願地在低處勞作，而他們原本可在更高處享受卓越帶來的美好風光。而一些人則受到成見與迷信的困擾，認為自己的人生本該就是這樣狹隘與卑鄙的。這些人是所有想要獲得自由的人中最無可救藥的。他們對自身的無知，簡直讓他們甚至都不知道自己是不自由的，相反，他們還認為別人身處牢籠之中。

如果你能讓自己的人生更為宏大，更為圓滿地釋放自己的才華，這將讓你所有的機能都得到拓展，所以，你必須要不惜一切代價獲得自由，不惜任何犧牲都要將潛能發揮出來。這個獲取自由的過程通常會遇到很多摩擦、痛苦或是要與障礙、不幸進行抗爭等磨難，最後，你品格中真正的力量才會顯露出來。要是沒有石頭打磨它的稜角、要是沒有不斷擦亮，要是沒有光線來展現出它內在的價值，鑽石是絕對不可能展現出其深沉的美麗與卓越的。這就是我們從黑暗走向自由所要付出的代價。

問問那些在這個世界上取得重要成就的男女們，他們到底將自身的力量、心靈的拓展以及多遠的人生閱歷等這些讓人生豐富的東西歸功於什麼呢？他們會告訴你，這些都是奮鬥的結果，他們透過最艱苦的自律，最為持久的品格鍛鍊，才擺脫了他們之前所處的不良環境，遠離了之前一直套在他們身上的枷鎖，得以接受教育，遠離貧窮，實現自己內心一直渴望實現的夢想，實現自己的人生目標。

我們努力為自己掙脫貧窮、遺傳、熱情或是成見的枷鎖所付出的努力 —— 克服任何阻擋我們實現心中所願的東西 —— 都能喚醒我們精神與身體上的能量。要是我們沒有必須要掙脫的欲望，那麼身上的潛能就永遠也得不到釋放。

無法得到滿足的願望與被窒息的雄心壯志會將我們心靈全部啃光。這些不滿的情緒會吸光我們品格的力量，摧毀我們的希望，模糊我們的理想，對許多男男女女的生活造成災難性的打擊。這些無法得到滿足的人生願望會讓他們感覺自

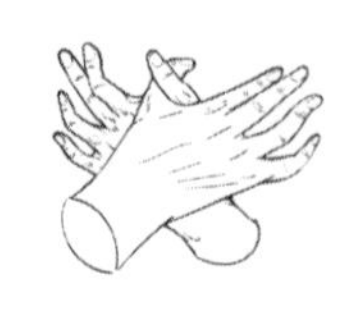

己只是行屍走肉，讓原本可以實現的夢想只成為隨風飄逝的諾言。

我相信，任何人無論在任何情況下，要是不能最充分地表達上帝賜予他最為重要的天賦的話，那麼他是不可能感到快樂的。只有在他完全釋放出天性中最為雄渾的激情後，他才可能感到最為深沉的滿足。

「任何一個知道自己只把人生活了一半的人，會繼續過著這樣只有一半的人生。」菲利普斯・布魯克斯（Phillips Brooks）說。在我們窺見了自身更為高級與美好的一面後，我們不是果敢地掙脫套在身上的枷鎖，不斷努力爭取我們所能看見的成就，就是讓我們自身的發展停滯，讓自己逐漸墮落下去。要是我們不去努力滿足自己的心願，即便是這個願望本身也會很快消失。除非是萬不得已，任何人都不能從事一個無法讓他釋放自身真正能量的職業，也不應該身處於一個阻礙他前進的環境裡。我們的文明在很大程度上歸功於那些勇敢掙脫枷鎖、獲取自由的男女男女們。

要是一個人深受自身本性的困擾，那麼他是不可能過上圓滿的生活。他一定要有思想的自由以及行動的自由，去實現人生的高度。在實現的過程中，他一定不能有良心上的枷鎖，也不能壓抑他最優秀的才華。

做你自己吧，不要依靠別人或是一味道歉。很少人是真正獨立的，很多人都是債主的奴隸，或是某些組織的走狗。他們不敢做自己想做的事情，只是做自己被迫要做的事情，將自己最大的能力都用於維持生計，所以，他們幾乎沒有其他東西可以真正地去生活。

今天這個時代，很多人都在為別人而工作，其實他們比老闆更有能力，但卻被老闆奴役著，或是因為債務或是交友不慎而陷入枷鎖之中，所以他們無法自由地釋放自己的能力。

要是一個富於前途的年輕人失去了行動的自由，失去了言論與信仰的自由，那還有什麼東西可以彌補的呢？在他有能力抬頭挺胸生活，不懼怕直面這個世界的時候，難道金錢能讓他在權貴面前點頭哈腰，像一個小偷那樣鬼鬼祟祟地生活嗎？

無論你收穫多高的薪水或是金錢上的回報，抑或獲得影響或是地位，絕對不要讓自己身處在一個讓你無法成為真正的人的位置上，不要因為思前想後讓你不敢開口拒絕或是賄賂你的想法。你要將自己的獨立視為與生俱來的權利，這點是你永遠都不需要考慮的。

一個人即便只有一種能力，但若是他獲得了自由，也要比一個備受枷鎖的天才更有成就，因為後者無論做什麼事，都只能處於劣勢。要是一個人擁有偉大的才華卻被限制，只能做侏儒般的工作，那他又有什麼用呢？

要想讓人生收獲最大化的結果，就必須遠離所有可能吸乾我們活力的東西——無論是身體還是道德方面的——停止人生所有可能的浪費。我們必須要遠離所有可能引起摩擦的東西，因為這些會弱化自身的努力，降低理想標竿，拖垮人生的標準。任何可能扼殺理想或是讓我們安於平庸的東西都必須從我們的人生滾蛋。

很多人都深受不良的身體習慣影響，讓他們無法在自己的工作上發揮全力。他們之所以停滯不前，是因為不知不覺中讓很多能量與重要的精力都被消耗掉了，養成了不良的習慣，陷入消沉之中。一些人則因為自身古怪的癖好而受阻，還有一些則是因為頑固、散漫、卑鄙、仇恨、嫉妒或是羨慕的心態而始終無法再進一步，所有這些都是阻礙我們前進的攔路虎。

也還有一些人終生背負著枷鎖，但他們從未想過憑藉持續與認真的努力從枷鎖中解放出來。他們就像是被關在動物園裡的大象或是其他野生動物，它們一開始會對自己失去自由而反抗，努力想要掙脫牢籠，但慢慢地，他們逐漸習慣了這樣的奴役的生活，認為這樣的生活才是自己該過的。

除此之外，還有不少讓人糾纏的東西阻礙著我們取得進步，讓很多商人的努力付之東流。諸如債務、不良的合夥人或是交友不慎等，都會讓我們吃大虧。相對來說，真正完全自由，真正能掌控自己命運的人是非常少的。很多人都在隨波逐流，被別人牽著鼻子走。他們浪費了很多原本應投入到人生真正該為之奮鬥的事業的精力，整天庸庸碌碌地工作，只做一些徒勞無益的工作，或是為了償還之前因為錯誤的判斷、魯莽或是愚蠢的投資而欠下的債務。他們不是沿著人生正確的道路全速前進，相反，他們總是要花時間去彌補過去所犯的錯誤。他們總是落在後面 —— 而從未走在前面 —— 從未真正實現自身的潛能。

具有雄心壯志的年輕人急切地希望做正確的事情，希望能在這個社會上出人頭地，卻陷入了許多瑣碎的事情中，無法走出去，漸漸模糊了人生的目標，讓之前所有的努力都功虧一簣。所以，無論他多麼努力，總是難以超脫平庸的生活。要是他陷入絕望的債務，而且還要養活一家人，他就無法真正抓住良機，像一個自由之人那樣去劈風斬浪，實現夢想。如果他當年沒有拿自己不多的積蓄去冒險的話，而是用這些錢為日後的生活做準備，那麼他一定會過得很自在。現在，他之前的雄心壯志只會嘲笑他，因為他始終無法實現這個壯志。他的手腳已經被套牢了，再也不能像之前那樣做自己想做的事情。就好比一隻身處牢籠裡的老鷹，雖然它有能力飛到渺茫的太空，但它撞到鐵欄時，也只能停止飛翔了。

第四章　不惜一切代價換取自由

相信所有人的人必然迅速陷入各種複雜的關係中，寸步難行。他會不假思索地簽下票據，向別人借貸，幫助身邊所有人，通常卻把自己給落下了。這樣的行為阻礙著他的創造能力，而他錯誤的判斷力與匱乏的商業常識又讓他身負債務。我認識一位最讓人尊敬的人最終陷入了破產的狀態，因為他隨意給人簽下票據與向人借貸，這樣愚蠢的行為，即便是一位只有十五歲的少年都不會做。這些年來，他一直讓家人過著省吃儉用的生活，節省每一分錢來償還貸款。

判斷力本應占據我們的心智，幫助我們區分明智與愚蠢的行為。最終成功之人總是能保持冷靜的頭腦，在每次商業交易中始終保持良好的常識。

無論做什麼，都不要陷入糾纏之中。一定要給自己立下這樣的規則，始終要讓交易變得透明，分清權責，保持自己的利益不受損害。在你去做任何重要的事情前，一定要想到可能出現的結果。你要思前想後，知道自己該如何走出陷入的圈子裡。千萬不要想著拿自己的競爭力、家庭或是不多的積蓄來做賭注，想著可以不勞而獲。不要被那些吹噓只需以很少錢就能賺大錢的廣告矇騙。大凡這樣的事情，幾乎都是一個人賺，一百個人輸的。這個世界上，沒有比想著可以憑藉這裡投入一點，那裡投入一點，就能賺上百美元或是上千美元更加不切實際的想法了。

如果你不能在自己選擇的人生職業裡——雖然你已經成為該行業的專家——賺到錢，如果你不能在一個你懂得每個細節的工作裡賺到錢，那你又怎麼能期望有人在拿走你的錢時，日後會返還給你更多的金錢呢，特別是這個人還是你無法監管的時候呢？

我認識紐約的一位律師，他現在是一位百萬富翁（他之前也一路上憑藉自己半工半讀讀完大學，一個人隻身闖蕩大城市，在華爾街一位經紀商那裡租了一個只有小桌子的房間）。他從一開始踏入社會時，就給自己立下了鐵一般的規矩，絕對不能陷入債務，也不能陷入各種理不清的商業糾紛。不可否認，他的這種不可動搖的規則讓他失去了不少能夠給他帶來良好回報的機會，但他從未身陷任何商業貿易的糾紛之中。結果，他一生從未感到憂慮，過得自由自在。相反，他為自己日後的發展儲存了很多能量。他所做的每件事幾乎都取得了成功，因為要是他不能預見到事情最終發展的結果，或是不知道會出現什麼差錯的話（他甚至還考慮了可能出現的經濟衰退、意外或是損失等），他是絕對不會去做這件事的。雖然他從未實現過「跨越式」的發展或是什麼「幸運一擊」，但他絕對不會讓自己前功盡棄，總是處在一個非常平穩的位置。他不僅獲得所在行業同事的信任，也獲得資本家或是富豪們的信任，因為他總能保持清醒的頭腦，讓自

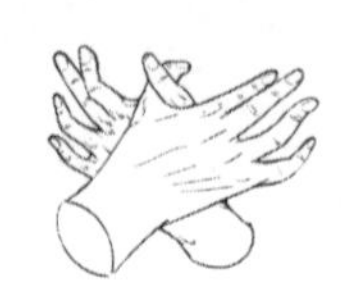

己免於所有的糾紛。人們知道他們的商業以及資本在他的手裡是非常安全的。正是憑藉穩步的發展與不斷堅持可預見的投資，他不僅成為百萬富翁，更成為一位見識廣闊、富於進取與對社會有用的人。

儘早鍛鍊你的判斷力，凡事都要三思而後行，直到你對事物的判斷力變得可靠。你的判斷力就是你最好的朋友，你的常識就是你人生最好的夥伴。判斷力與常識給你的人生指明方向，保護你的利益。牢牢地依靠這三位偉大的朋友吧 —— 良好的判斷力、三思而後行的謹慎與常識 —— 你就不會任由呼嘯的北風肆意將你吹離航向，人生的航向將牢牢掌握在你的手中。

第五章
夢想者對世界的貢獻

第五章　夢想者對世界的貢獻

愛默生曾與一群所謂的「成功人士」在一起，這些人在高談闊論著鐵路、股票及當時的一些「重要」事情。愛默生說：「先生們，現在，讓我們停下來，談論一些真正重要的事情吧。」

愛默生被稱為「夢想者中的夢想家」，因為他對事物的發展有很強的預見性，知道世界會朝哪個方向發展，知道未來的文明會朝著哪條道路延伸。今天數以萬計的男男女女正處在當年只有他一個人所預見到的世界裡。

愛迪生也是一位夢想家，因為他預見到在半個世紀後，人們能享受發明帶來的方便，知道各種發現及機械能不斷推動今天看起來很過時的東西。他心靈的眼睛能在博物館裡「挖掘」到很多新奇的東西。半個世紀後，這些機械與裝置發揮了神奇的作用。從這個層面來說，夢想家都是真正的預言者。他們能在未來文明露出端倪前，就能準確地預測到其發展的方向。

正是十九世紀中葉的夢想家們建立了舊金山這座城市，並且讓它成為西部海岸最重要的港口。所以，即便在最近發生的大地震裡，整座城市陷入廢墟與大火，三十萬人無家可歸的情況下，但今天的夢想家能從廢墟裡看到一座重建的美好城市，而別人只能看到一片淒涼。這些夢想家憑藉著不可動搖的毅力與無法戰勝的美國意志，成為了半個世紀前美國的先鋒者。他們開始在這座城市上重建，恢復它往日的繁華。正是那些偉大的夢想者預見到在跨越美國大陸的鐵路鋪成後，一定會給鐵路旁邊的城市帶來繁榮與商機，而那些更為「實際」、缺乏想像力的人卻只看到美國大陸的荒涼的景象，平原上大片的鹼性土地，草比人高的荒原以及難以逾越的高山。諸如克里斯·P·杭廷頓（Chris P. Huntington）、利蘭·史丹佛（Amasa Leland Stanford）等夢想者用鐵軌將東部與西部連接起來，讓身處兩個大洋邊的人們成為鄰居，重新開墾沙漠，在原先荒涼的土地上建立城市。

正是夢想者的堅持與毅力克服了那些眾議員建議進口單峰駱駝，穿越美國沙漠來傳遞信件的想法，因為他們說建造鐵路的做法是荒唐、愚蠢的，而且非常浪費金錢，而且這樣做無法給西部帶來更多的人口。

正是這些夢想者在當時還四處散落著印第安人小村落的芝加哥看到了一座大城市的興起，提前很多年就預見到了奧馬哈、堪薩斯城、丹佛、鹽湖城、洛杉磯及舊金山等城市的繁華，雖然當時沒人認為這些會成為現實。

正是諸如馬歇爾·菲爾德、約瑟夫·萊特（Joseph Wright）、波特·帕瑪爾這些夢想者，從芝加哥的廢墟中看到一座全新、充滿榮光的城市，要比之前的那座老城市更加龐大、更加輝煌。

第五章　夢想者對世界的貢獻

要是將這些夢想者從人類歷史上拿走，那誰還願意讀我們的歷史書？我們偉大的夢想者！他們不斷推動著人類的發展，那些彎起腰、流著汗的辛勤工作者，披荊斬棘，開闢道路，世世代代地奮鬥下去。讓我們生活富於價值、讓我們從負累中解脫出、讓我們從平庸與醜陋中超越出來的東西 —— 這些都為我們的生活提供了極大的便利 —— 都是我們虧欠夢想者的。

我們所處的時代，就是過去所有夢想者不斷奮鬥的結果 —— 過去的夢想化為現實的一個明證。舉世聞名的海底電纜、神奇的隧道、壯觀的大橋、學校、大學、醫院、圖書館、大城市，所有這些設施都給我們提供便利、舒適以及藝術的珍寶，都是過去那些夢想者所創造出來的。

我們聽到很多人談到夢想者多麼不切實際，談到夢想者腳踩在地上，卻想著如何到天上摘星星。但要是沒有夢想者的話，我們的文明又會處於怎樣的狀態呢？我們依然會乘坐公共馬車或是以步行的方式來穿越這片大陸。我們依然要透過帆船來跨越海洋，我們的信件依然要以驛馬快信的方式來投遞。

「這是不可能的，」那些缺乏想像力的人大聲喊道。「這一定可以做到，而且應該可以做到。」夢想者吶喊道。夢想者不僅這樣說，也是這樣做的。即便在面臨各種匱乏的情況下，他們依然堅持自己的夢想。要是有必要的話，他們寧願忍受飢餓，直到他們的遠見、發明、發現乃至他為人類改良所持觀點得到實現，成為人們生活中可以使用的現實東西。

夢想者哥倫布（Christopher Columbus）在面對別人的嘲笑與輕蔑時，面不改色，展現出一個大冒險家所具有的遠大理想，向他們描繪出一幅美好的景象。很多大人都教小孩稱哥倫布為娘們，在他路過的時候，用手指著他的前額。哥倫布夢想著大洋對面的大陸，不管要歷經多少磨難，他都要將這個光榮的夢想變成現實。

正是那些夢想者，在四分之一世紀前就看到了手動印刷機中的輪轉印刷能夠讓批量印刷報紙成為可能。要是沒有這些夢想者，我們的印刷領域依然還停留在手工排版的階段。正是那些被當時人們譴責為「預言者」的人真實地壓縮了空間，讓我們能與千里之外的人們進行交談或是商業貿易，彷彿他們與我們都是處於同一幢建築裡。

不知有多少只看重事實、缺乏想像力的人，只能用一雙世俗的眼睛去看到這個世界。假如這樣的話，我們的文明能出現諸如愛迪生、貝爾（Alexander Graham Bell）與馬可尼（Guglielmo Marconi）這樣的人物嗎？

那些「實際」的人總是告訴我們，想像力對那些藝術家、音樂家及詩人來說是有用的，但對現實的世界是沒什麼用處

的。今天這個時代，工業的先鋒、商業巨擘都是擁有很強的預見能力。他們相信這個國家依然擁有非常龐大的商業潛能。要是沒有這些夢想者，美國的人口依然會聚集在大西洋沿岸。

這個世界上最為實幹的人都是那些能看到未來深處，預見文明走向趨勢的人。這些人能預見到人們將從狹隘的視野、阻擋前進的障礙、限制及今天的迷信中掙脫出來。他們既有對事物的預見能力，也有將這些想法化為現實的能力。夢想者都是那些能夠成就幾乎不可能實現任務的人。我們的公園、藝術畫廊、著名學府都豎起了紀念碑與雕塑，緬懷過去的那些夢想者——他們預見到未來更好的事情，看到人類進入到更為美好的時代。

不知道有多少男男女女為了實現夢想，在監獄與地牢裡遭受著恐怖的經歷。夢想本應讓世界遠離野蠻，讓人類遠離負累的。伽利略及其他著名科學家就是因為他們所持的「夢想」而遭到拘禁與迫害，他們的理論直到幾代人後才得到承認。伽利略所提出的理論對宇宙及地球提供了一個全新的認識，孔子、佛祖、蘇格拉底等人的夢想已經真實地影響了數百萬人。耶穌基督本人也曾被視為不切實際的夢想者，但祂的一生都在預示著未來，給未來的人們與文明的趨勢指明方向。祂的視野能超脫於模仿上帝本意的東西，超越任何殘缺、軟弱、人類不完美的遺傳限制，讓人類看到完美的人，真正理想狀態下的人與神性的影像。

對未來的預見絕對不會嘲笑我們，這些預見只不過是即將發生的事情的提前預告，讓我們可以窺見未來事情發生的可能性。我們總是先看到心中的那個理想模樣，然後再才能將這幅模樣化成現實。

喬治·史蒂文生（George Stephenson），這位出身貧窮的礦工，想像著建造一架能夠改變世界交通格局的火車引擎。他在煤礦裡工作時，日薪只有六分錢，還要透過為自己的同事縫補衣服或是補鞋來賺取額外的一點收入，以供自己上夜校。與此同時，他還要養活自己雙目失明的父親，但即便是在如此困難的情況下，他依然沒有放棄對未來的夢想。很多人都說他瘋了，「他製造的那個發出轟隆隆聲響的引擎散發出的火花會燒掉整座房子的。」「引擎發出的黑煙會汙染環境」、「馬車製造商與馬車夫會因為沒人聘請而餓肚子的。」當這位夢想者身在下議院時，很多議員都這樣盤問他。一位議員反問：「還有比那種認為火車引擎的馬力能比馬車快兩倍的想法更加荒唐與可笑的嗎？我們很快就會發現，伍爾維奇的居民就要忍受這樣一種堪比康格里夫式炮彈發射速度的火車，竟然相信這樣的一個機器能以那樣的速度前進。我們相信國會一定會按照鐵路部門的建議，將火車的速度限定在每小時八

到九英里，這樣我們才敢冒險。」儘管遇到這樣的誹謗中傷、嘲笑與反對的阻力，這位「瘋狂的預言者」還是為實現自己的夢想工作了十五年。

1907 年 8 月 4 日，紐約慶祝羅伯特 · 富爾頓 (Robert Fulton) 的夢想實現一百週年。想像一下百年前，1807 年 8 月 4 日，星期五，哈德遜河邊的碼頭上，一大群滿懷好奇心的人們懷著看好戲的心態聚集在一起，準備見證人類歷史上最為荒唐想法的破產，見證那個被視為「怪人」的傢伙可恥的失敗。這位「怪人」建議用這艘名為「科勒蒙特」號的汽船運送乘客到奧爾巴尼！「誰有聽過在哈德遜河上，一艘沒有風帆的船隻能夠準確到達目的地這樣荒唐的事情呢？」一位自以為聰明的嘲笑者這樣譏諷道。很多圍觀者都覺得那人是在浪費自己的時間與金錢，而他所製造的「科勒蒙特」號汽船也只不過是一個傻瓜的作品而已，像他這樣的人應該被送到精神病院。但是，「科勒蒙特」號最終還是順利地在哈德遜河上完成了首秀，富爾頓也被視為人類進步的一大推動者。

難道這個世界不虧欠發明電報的摩斯 (Samuel Morse) 一個人情嗎？當這位發明家請求撥款數千美元來進行一次從華盛頓到巴爾的摩的實驗時，國會議員對他持嘲笑的態度。在歷經了很多會讓大多數人感到沮喪的挫折後，這個實驗終於完成了。一些在場的國會議員等待著他們根本不相信會傳來的資訊，其中一位議員還問摩斯這根電線能夠運送多大的包裹。但很快，電線就傳來了資訊，原先的嘲笑也瞬間轉換成讚美。

塞勒斯 · W · 菲爾德的夢想就是透過海底電纜將大洋兩邊的大陸連接起來。他的這個想法不知被多少人視為愚蠢至極。要是沒有菲爾德這位夢想家的話，今天要想了解世界各地發生的新聞那該需要多長的時間啊！

當威廉 · 默多克（William Murdoch）在十八世紀末期想像著透過煤氣管道來點亮整個倫敦時，甚至連亨弗里大衛爵士都嘲笑地問道：「你打算用煤氣罐來點亮聖保羅大教堂的圓屋頂？」華特 · 司各特爵士（Walter Scott）也嘲笑這種透過「煙霧」來點亮倫敦的做法，但他後來在自己位於阿伯特斯佛德的城堡裡卻使用默多克的方法點亮城堡。「什麼？」一位享有名氣的科學家驚呼，「在沒有燈芯的情況下點亮？不可能！」

不知有多少人嘲笑夢想家查理斯 · 固特異（Charles Goodyear），這位在長達十一年的時間克服重重困難，將產自印度的橡膠製造成具有實際用處的橡皮。想像一下，在他因為債務而身陷囹圄或是不得不典當妻子的衣服及珠寶來勉強讓孩子免於飢餓的窘境吧！記住，在他沒有錢去掩埋自己死去的孩子，而且其他五個孩子都處於飢餓狀態，鄰居們都稱他是瘋子的時候，他該需要多麼大的勇氣與忠誠啊！

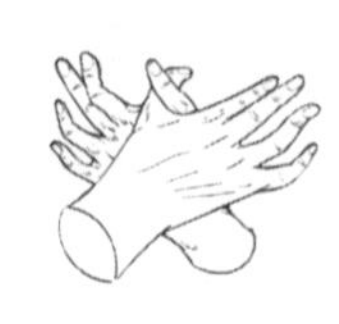

第五章　夢想者對世界的貢獻

很多女人都將艾利亞斯·豪 (Elias Howe) 視為一個蠢人與「怪人」，指責他不顧自己的家庭，只想著製造機器。最終這種機器的發明為數以百萬的婦女提供了極大的便利。

偉大的人物都是屬於理想主義者，擁有占卜者那樣的預見。雕刻家是夢想家，因為他在未鑿一錘的時候，就能從粗糙的石頭上看到雕塑的雛形。藝術家在他拿起水彩畫筆在畫布上塗抹時，在腦海裡就想好了圖畫的每個完美細節、色彩的美感及所展現的形式。

每處宮殿、每個美麗的建築的藍圖，首先都是存在於建築師的腦海裡，這些藍圖在之前都是現實裡都是不存在的。在這些實體建築成型前，整個建築的模型就已經出現在他的腦海裡了。克里斯多夫·雷恩爵士 (Christopher Wren) 在整個地基打下前，就能想像到聖·保羅大教堂恢弘的氣勢，正是他的夢想徹底改變了倫敦的風貌。也正是巴倫·奧斯曼 (Baron Georges-Eugène Haussmann) 的夢想讓巴黎成為世界上最美麗的城市之一。

想像一下，夢想者在讓我們的家與公園變得美麗這一方面做出了多麼大的貢獻啊！但在今天的紐約，還是有很多「實幹」之人想著要是可能的話，要把紐約中央公園的土地切割開來，在那裡建造商業街區。

每一位成功人士所取得的成就都只不過是實現了他們年輕時的預見、更好地改變自身處境以及拓展自身能力的願望而已。我們今天所擁有的家，都是當年那些那些滿懷愛意與努力之人想要改變自身處境的結果。這些夢想者之前曾一度生活在茅舍或是木屋裡。

現代豪華的鐵路車廂是很多之前搭乘公共馬車的人們的夢想。

就在十幾年前，要是有人說以後的運輸工具再也不需要馬匹了，而且生產這種工具的產業會成為全世界最大規模的產業，肯定會被人覺得這是不可能的，就好比說今天這個時代製造飛艇一樣不可思議。但是，最近在紐約麥迪遜公園舉辦了這樣的一個展覽，其中一些飛艇模型的規模強烈暗示這在未來存在的可能性，足以說服每個持懷疑態度的人。

六年前，這樣一項發明仍被認為只是毫無用處的玩具，只是那些百萬富翁用來炫耀的玩物而已。二十年前，美國還沒有一間為大眾製造汽車的汽車公司。十五年前，全美國只有五輛不以馬匹為動力的交通工具，這些工具都是以高昂價格從國外進口的。但在今天，美國有超過十萬輛汽車。汽車再也不是百萬富翁們的專利了，而是迅速地取代馬車的地位。除此之外，一般薪水的家庭都能買得起汽車了。

第五章　夢想者對世界的貢獻

這個夢想已經幫助我們解決了街道過分擁堵的問題，能給人們良好的教育，帶來健康的生活，讓人們多到鄉村走走。最終，普通人都能買到屬於自己的汽車，駕駛私家車到處旅遊。事實上，這個夢想的實現正成為人類有史以來帶給我們最多的歡樂與祝福。

正是因為卡內基（Andrew Carnegie）、施瓦布（Charles M. Schwab）及他們的同事的鋼鐵夢想，再加上起重機的創造者，他們一道讓建造摩天大樓成為可能。

對諸如莎士比亞這樣的文學夢想者，我們虧欠甚多。這些夢想者教會我們要從尋常中找尋不凡，從平凡中看到卓越。

人類與生俱來最為神聖的一個權利，就是夢想的能力。要是我們對明天有更好的期望，那麼今天所忍受的痛苦也是微不足道的。對夢想者而言，即便「石牆也不能壘成監獄」。

誰會剝奪讓窮人擺脫日常枯燥與無聊的工作的夢想權利呢？誰能夠剝奪他們在夢想裡想像自己擁有更為光明的未來，更為完整的教育或是讓所愛之人能過著更加舒適生活的權利呢？

沒有比希望更好的藥物了，沒有比期望明天會出現更加美好的事物的心態更能激勵與給予我們動力的了。

勇於夢想是美國人典型的性格特徵，無論處於多麼貧窮的狀態，遭受怎樣的不幸，我們都能保持自信、獨立，與命運之神進行抗爭，因為我們相信美好的日子即將到來。一位商店的小職員能夠夢想自己日後擁有一間屬於自己的商店。最貧窮的工廠女生也能夢想自己日後擁有一間美麗的房子。這就是最卑微的夢想所帶來的動力。

擁有讓自己立即從充滿迷茫、挫折、煩憂與不安的環境中超脫出來，進入一種美好與真實的氣氛中的能力，是任何金錢都無法購買的。要是夢想從身邊溜走，還有多少人能繼續擁有足夠的鬥志、足夠的希望與勇氣，滿懷熱情依然從事自己為之奮鬥的事業呢？

正是夢想、希望、持續期望更美好的東西即將到來的心態，讓我們保持足夠的勇氣，減輕我們身上的重擔，掃清前方的道路。

我認識一位女士，她雖然多年來經歷了很多苦難與讓人心碎的事情，但每個認識她的人都為她依然能保持良好的脾氣、平衡的心智及堅強的品格而感到不可思議。她說自己將這一切都歸功於自己擁有夢想的能力，她能隨時將自己從最讓人不滿或是艱難的境況中抽離出來，進入一個絕對和諧與美好的狀態，然後再以飽滿的精神與充沛的活力投入到工作中去。

第五章　夢想者對世界的貢獻

夢想的能力，與其他能力一樣都可能被濫用。很多人什麼都不做，只是在空想。他們將精力都浪費在建造空中樓閣上了，從來沒想過腳踏實地地做事。他們生活在一個違背自然法則、虛幻與不真實的環境裡，直到他們的身體功能因為長期缺乏鍛鍊而無法使用。

在你擁有毅力與堅韌去實現目標以及有決心去讓夢想照進現實的時候，繼續保持夢想的能力是非常美好的一件事。但要是沒有努力支撐的夢想，只是一味的空想，不是想著如何實現願望，這會嚴重損害我們的品格。只有富於實際的夢想才有意義——兼具努力與堅韌的奮鬥的夢想才能實現。

對夢想能否變成現實的渴望程度，決定著我們能夠變得強大與高效。已實現的夢想會成為我們繼續努力的全新動力。正是在為這個世界更加美好的夢想啟發下，我們才找到了這個世界的希望。

夢想與實現夢想，這讓約翰·哈佛（John Harvard）在身上只有幾百美金的情況下，建立了哈佛大學。耶魯大學剛成立的時候，也只是有少量的書籍，但卻有改造世界的美好夢想。

羅斯福總統將他所取得的成就歸功於他為人類創造更好生存環境、實現自身理想的願望。他夢想自己能夠擁有更為宏大與優秀的品格，成為一個更好的公民，保持為人的真正氣概。

兒童就是生活在夢幻的世界裡。他們能夠營造一個屬於自己的世界，並且和自己建造的「城堡」玩耍，他們喜歡照片，就好像那就是真實的東西一樣，喜歡一些海洋與陸地都沒有的生物。兒童的這種好奇心對他們日後的生活與品格的塑造都有著重要的影響。

不要停止夢想。要鼓勵你的夢想，篤信你的夢想。珍視你的夢想，努力讓其變成現實。這些都是激勵我們前進的東西，讓我們不斷往前看，催促我們不斷朝高處走，這些都是上帝賜予我們的財富。夢想是一隻引領我們走向通往天堂的道路的手。你有怎樣的夢想，就有怎樣的生活。美好的夢想就是你未來人生可能的走向，就是你人生可能呈現的景象。

對我們來說，重要的是，一定要按照我們在實現夢想那一刻的最受激勵的時刻的模式，去塑造我們的人生，讓我們身心處於最高級的那一刻成為永遠的指引。

我們都意識到，現在所做的事情相比於我們本該所能做的事情來說，簡直慚愧得要命。一般人的所作所為簡直就是嘲笑上帝賜予他的良好天賦，我們肯定要比之前的自己更為宏大與美好。我們內心都感覺到，眼下所做的工作並沒有與造物主更為宏大與美好的計畫相符，而是偏離了許多。相比於身心處於最高級的那一刻神性的自我而言，我們日常的生活顯得那麼卑微、狹隘、麻木與不值一提。

第五章　夢想者對世界的貢獻

正是憑藉想像力所具有的巨大創造力，憑藉著這些付諸行動的夢想者，最終讓人類發揮了最大的潛能，打破了等級制度、種族與信條的界限，讓當年詩人們夢想的人類和諧，世界大同的夢想得以實現。

「黃金時代就在前面，而不再後面。
過去引領我們前進的道路：
通往未來的道路會繼續延伸，引領
我們走得更高更遠。」

第六章
你工作的精神狀態

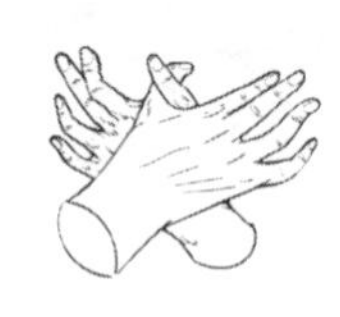

第六章　你工作的精神狀態

你沒有必要問一個人他是否喜歡自己的工作，因為他臉上洋溢出的氣息自然能夠說明這一切。他對自己的工作感到充滿樂趣與自豪，對工作具有滿腔的熱情與真誠，這就足以說明一切。要是他喜歡自己的工作，就能從中找尋最大的樂趣，這種內在的快樂自然會流露出來。

對每個人特質的考驗就是他在工作時所持的精神狀態。如果他總是懷著負累的心態去工作，活像一個奴隸在皮鞭下勞作；如果他從工作中只感到負累，如果他對工作的熱情與愛意不能讓他從普通的職位上超脫出來，感覺到一絲樂趣，只讓他感到厭煩，那麼，他是永遠都不可能在這個世界上有所作為的。

那些總覺得工作讓自己感到不悅的人，不明白為什麼生存的問題是不可能透過一次性的創造性活動來解決。相反地，每個人必須要透過艱苦努力，從與大自然的奮鬥中得到自己想要的東西。那些看不到每個人都應該為自己的生存而奮鬥的這一原則的人，是很難領悟上帝這一安排以及其存在的必要性——因此，這些人也必然對生活抱著錯誤的觀念，永遠也不可能從原本適合自己的工作中取得優越的成就。

很多人根本不尊重自己的工作。他們只是將工作視作為了維持衣食住行而不得不要去做的無聊事情——就像一個無法逃脫的負擔，而不是鍛鍊人生品格的重要機會。他們看不到工作可以讓他們真正成為具有氣概的人。他們在必須要做的工作看不到存在的神性，看不到將自身最好的一面發揮出來，透過在不斷奮鬥實現目標的過程中發掘自身的潛能，是可以擊潰富足與幸福的敵人。他們看不到不勞而獲的金錢所帶來的詛咒，不知道這樣會讓他們失去奮鬥的動力。對他們來說，工作純粹是一種負累 —— 一種有恃無恐的邪惡。他們不明白為什麼造物主沒有將麵包掛在樹上。他們在不得不要為生存為之奮鬥的過程中看不到所產生的動力、堅毅與高尚的特質。要是我們總是在為自己所做的事情而抱怨或是抱歉的話，誰也無法取得真正的成功。因為，這樣做就等於承認了自己的軟弱。

上帝創造的子民原本可以抬頭挺胸，成為自己的國王，過得愉悅，充滿樂趣，散發出力量，但他們確實一味地抱怨自己的工作，甚至埋怨為什麼自己還必須為生存而工作。這樣的情景真是讓人深感遺憾，放任自己三心兩意或是以勉強的態度去工作，這是有損我們品格的行為。

人具有很強的適應性。心靈具有一種神奇的能力，可以適應不同的狀態。但你只有在自己的心靈平靜下來，真的喜歡自己的工作，而且以一種主人翁、而不是強迫的姿態去做，才有機會取得最好的結果。無論你做什麼，都要下定決心，全身心地投入進去，以一種統治者的姿態去做。因為，

第六章　你工作的精神狀態

只有當你以統治者的姿態去做的時候，才能學到其中的教訓，並從中吸取力量。

要以正確的精神投入工作中去。要將你心靈的呼喚視為一種神性的聲音——一個來自內心原則的呼喚。如果事情本身不重要的話，那麼你做事情所採取的態度將讓世人對你有完全不同的看法。這種看法可能對你有積極影響，也可能阻礙你前進。你不能在人生的旅程中放任敷衍或是三心兩意的行為出現，你不能養成一種做事半途而廢的習慣，也不能習慣性地以抱怨的心態去做事，因為這將會在你接下來的人生事業裡留下汙點，總會在不經意的時候讓你感到羞辱。讓其他人敷衍、三心兩意地工作吧，只要他們願意的話。你要保持自己的高標準，保持自己崇高的理想。

人們對所從事的工作採取的態度決定著工作的特質與效率，也影響著他的為人品格。一個人所做的事情就是他自身的一部分，代表著他的為人。人生的工作就是自身理想、壯志與真實自我的體現。如果你看到一個人的工作，就相當於看到了他這個人。

要是一個人以敷衍、馬虎或是三心兩意的態度去工作的話，他是不可能尊重自己的，也不可能對自己有深沉的自信，更不可能取得偉大的成就。只有在他做到最好的時候，才能發揮自身最大的潛能。當一個人將工作視為一種負累或是煩惱，那他是做不好這份工作的，也無法將自己身上最美好的一面展現出來。

無論在任何情況，都不能讓自己將工作視為一種負累。沒有比這樣的想法更損害你的品格了。無論出現什麼情況逼迫你去做自己不願意做的事情，都要從中找尋一些有趣與富於建設性的東西。任何必須做的事情都要以飽滿的精神去做，這完全是一個我們是否以正確態度去投入工作的問題。

如果你的工作讓你反感，時常讓你產生一種反抗的念頭，心中不由自主地產生一股厭惡的感覺，那麼你就身處在一種失敗的氣氛之中，這只會帶給你更多的失敗。吸引成功與快樂的磁鐵必須有積極、樂觀與熱情的力量去摩擦。

不懂得如何透過全身心投入到工作中去，不懂得取得成功或幸福第一要素的人，是無法消除工作中的負累感。只有在我們以主人翁的精神去將平凡的工作視為高尚的職業時，才有可能得到提升。

困擾我們的，是我們陷入到沉悶的生活中，機械式地工作著，完全沒有投入自己的心智、熱情以及目標。我們沒有掌握如何成長的藝術，不知道如何拓展心智與靈魂，我們只是活著。

每一個必須要做的工作存在的本意，絕非那麼不起眼的。這些工作都是具有深意的 —— 有一種榮耀蘊含其中。我

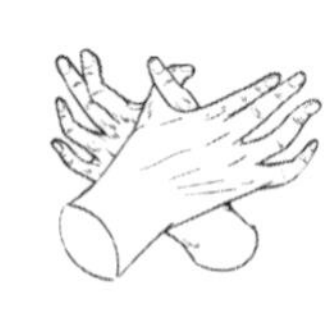

們自身發展的潛力、未來的命運以及世界的發展都深深與此相關。

為什麼會有那麼多人認為生活的榮耀並不屬於那些從事普通職業的人呢——認為榮耀只屬於藝術家、音樂家、作家或是那些所謂的紳士或是一些從事人們眼中更為「高尚」職業的人呢？從事農業生產的農民與那些從政或是從事寫作的人一樣，都一樣具有尊嚴與榮耀。

有些人無論在何處都看不到任何美感，對美感沒有任何欣賞的能力。而一些人則能在何處何地都發現美的存在。在某人看來，從事農活是非常沉悶的一項工作，讓人無法忍受，每天都是按部就班的單調工作；而有些人則能從中看到工作的榮耀與尊嚴，在耕耘土地的時候感到無比的愉快，好像自己與造物主一道將製造出美好的結果。

我認識一位在小村莊裡的補鞋匠，他對自己的工作感到無比自豪。他的這種感覺可能還要比鎮上的律師甚至是牧師都更為強烈。我認識一位農民，他對自己所種植的莊稼要比附近其他人都更好而感到自豪。他走到農田的時候，自豪得活像一位國王在自己的領土上視察一樣。真正以主人翁從事農活的農民會帶參觀者看看馬匹、羊群或是其他動物，似乎這些都是非常重要的「人物」。正是這種高漲的熱情趕走農活的負累，反而從看似沉悶與平常的生活中得到樂趣。

我認識一位打字員，雖然她領著低微的薪水，但卻將工作做得比自己公司的老闆還好。因此，她從人生中的收穫要比自己的老闆還多。我認識一位在離鐵路有二十五里距離的小村落裡上班的老師，學校的位置剛好落在偏僻的樹林裡。但是她從自己的工作及看到自己教的學生取得進步中感到無比的自豪，這要比很多假裝履行自己職責的大學校長們都更有尊嚴。

一個女生稱自己之前根本不會做家務，也不會煮飯，即便遭遇怎樣的不幸，她都覺得自己學不會這些。後來，她老公經商失敗，她被迫要做她的僕人之前所做的事情，包括洗衣服、做飯等家務。這些都是她之前從未想過可以做得來的工作，而且還下決心要學會如何做麵包，提升自己的廚藝水準，讓自己成為這方面的專家。結果，她成功了。

無論你的工作看上去多麼卑微，都要以一種藝術家與主人翁的精神去做。這樣的話，你就能從平凡的工作中得到提升，避免不必要的勞累。

你會發現，學會充分尊敬自己所從事的工作，直到將你的工作做到最好，才能把它交給別人，這樣的態度將會大大提升你的品格。

工作的品質在很大程度上影響你生活的品質。如果你的工作品質處於低水準的狀態，那麼你的品格也會跟著降低，

你的做事標準也會降低，同理，你的目標也會隨之降低。堅持凡事做到最好的習慣，不斷發掘自身最大的潛能，絕不接受低水準的工作，這將讓你遠離平庸與失敗，走向輝煌的人生。

要是你以藝術家的精神而不是工匠的心態去從事工作，如果你滿懷熱情，全神貫注地投入，如果你下定決心去將每件事都做到最好，那麼無論做什麼事，你都不會感覺到負累。任何事情都取決於我們投入工作中所持的精神狀態。只要懷著正確的態度，即便從事最卑微的工作，你也能成為藝術家；而要是懷著錯誤的態度，無論從事多麼高尚的事業，你都只能是一個「工匠」。

我們認真細緻與誠實的心態去做的每件事，都具有一種尊嚴，一種難以言喻的卓越感。為人類的福祉所做的任何事情，是沒有卑微或是低賤之說的。你不能敷衍了事，也不能投入極少的精力去做本該的工作，你需要孜孜追求自己身上最美好的東西。只有當我們做到最好，將歡樂、能量、熱忱以投入到工作中去，才能真正地成長，這也是保持自身最高尊嚴唯一途徑。

如果我們不誠實對待自己的工作，不將工作做到最好，是不會看得起自己的。世上沒有比你失去對自己的信念更為可怕的事情了，因為你意識到自己做著不誠實與馬虎的工作。

在你心中，有某些更為高級的東西需要去滿足，這不僅僅是讓你為了糊口，或是盡可能輕鬆地度過每一天。這事關你要有正確的是非觀，發自內心地想要將事情做好，將事情做得最為圓滿，挖掘內心最優秀的自己，成為一個真正的人。內心的這種聲音應該在你的腦海裡不時回蕩，淹沒那種只為糊口、賺錢而發出的微弱聲音。因為相比於前者而言，後者根本不值一提。

我們從一開始就要清楚地了解到，無論遭遇怎樣的困難，我們首先都要做一個人，讓你的工作展現出最為優秀與最為美好的一面。誰也不能承受馬虎的工作展現出最低級、最讓人反感、最可鄙的一面，讓自己名聲掃地的後果吧。

我們經常看見一些人毫無目的地工作，做事三心二意，在他們不會碰到困難時，才想去工作。他們覺得只要自己的工作還能容忍，就繼續做下去，或是等自己找到更好的工作再去跳槽。以這樣的態度去面對決定人生命運與前途的事業，是一種懦夫的表現。

一個人應該懷著崇高的理想去從事自己的工作，就像藝術家在畫布上展現自己精湛的技藝一樣，無論你所從事的工作多麼卑微，你都能成就一幅「傑作」！所以，我們一定要狠下決心，不能讓錯誤的舉動摧毀我們按照理想去塑造自己的人生。

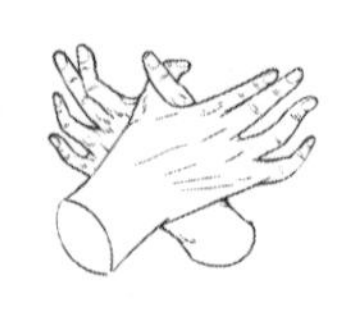

第六章　你工作的精神狀態

我們要懷著神聖的心態去對待生活這塊尚未雕琢的「大理石」。我們絕不能鑿錯一錘，因為這可能會破壞沉睡在石頭裡面的「天使」。我們所製造的模型必須要與人生的工作一致，無論最終的雕塑是美麗還是醜陋，是具有神性還是讓人感覺殘忍的，這肯定都是代表著我們自己，也代表著我們心中的理想。

每當看到一位年輕人以漫不經心或是冷漠的態度從事人生工作，似乎他覺得這樣做也無所謂，自己照樣可以拿薪水的做法，就讓我感到心痛。真正意識到工作的神聖、尊嚴以及重要性的年輕人真是太少了。

工作中有比單純的糊口或是尋求名聲更為高尚的意義、更為廣闊、深遠與高貴的東西，在工作中生活就是最好的做法。工作應該能鍛鍊人的品格，像一所學校那樣不斷提升人的素養，塑造我們的品格，不斷深化、拓展與塑造我們心靈的平衡性，讓我們處於和諧的狀態，欣賞上帝賜予我們發現世間事物美感的能力。

工作中的部分作用讓我們糊口，為我們提供衣食住行等方面的東西，但這些相比於對我們更為重要的自律鍛鍊，所接受的教育而言，是微不足道的 —— 因為工作為我們提供了一個自我釋放的平臺。我們要關心的問題是，自己能否在工作中成為真正的男人或女人，而不在於工作能讓你賺多少錢。

你的人生工作就是你的雕塑，你對此無法逃避。這座雕塑是美麗還是醜陋，是可愛還是可憎，是激勵人心還是讓人墮落，都出於你的手。同理，根據你的雕塑，人們也知道你是個富於進取心的人還是一個墮落的人。這是你無法迴避的問題，這些都是按照你自己意願而形成的雕塑，世人都能看到。

你所做的每件事，你所寫的每封信，你所銷售的每件商品，你的每次談話，你的每個念頭 —— 你所做或所想的任何事情就像是雕塑的鑿子，都有可能讓你毀於一旦或是讓你漸臻完美。

我們在工作時所抱的心態影響著我們的人生事業，也決定著我們未來的前程。只有懷揣著高尚的理想才能讓我們從平庸的詛咒中超脫出來，讓我們所做的任何事情都染上一抹高尚的情懷。但是，低下與卑微的目標將讓我們所從事的工作失去尊嚴。

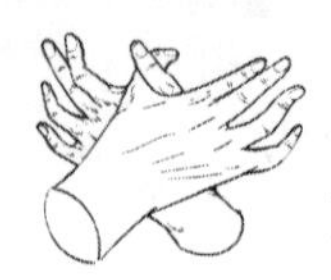

第六章　你工作的精神狀態

第七章
責任催生能力

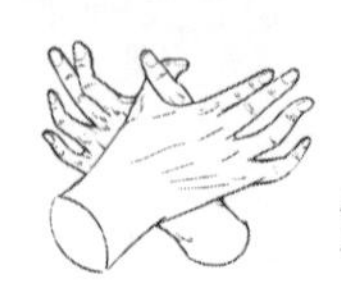

第七章　責任催生能力

馬克沁魚雷炮彈的威力足以摧毀一艘軍艦，但任何普通威力的衝擊都不可能釋放出這種炮彈內在的力量。

孩子們可以拿這種炮彈玩耍，即便將其翻滾、敲打，或是做其他的遊戲，都不會有什麼危險。即便是把這種炮彈扔向普通的建築物，也不會使其發生爆炸，無法釋放出內在的威力。這種炮彈只有從加農炮發射出來，才有足夠的衝力，在遇到足夠強大的阻擋時，才會釋放出內在巨大的威力。

每個人都是自身最大力量與最大潛能的「陌生者」，直到他們身挑重要的責任，面對重要的情況或是生活中出現了嚴重的危機，他們的這些潛能才會釋放出來。

在農場工作，搬運木頭，在製革廠工作，到商店裡記帳，上西點軍校，參加墨西哥戰爭，退伍回來在鎮上做各種雜碎的工作等，這些都不能喚醒格蘭特將軍 (Ulysses Simpson Grant) 心中沉睡的「巨人」。要是美國沒有遭遇內戰的危機，也許，除了格蘭特所在的小鎮，世上沒有人會聽到他的名字。

格蘭特身上擁有一股巨大的力量，需要內戰這樣的緊急的狀況的衝擊才能讓他釋放出來。任何平常的狀況都無法將其沉睡的力量喚醒，任何尋常的經歷都無法點燃這位巨人心中的火焰。要是在平常的日子裡，他也只能平凡地生活，無法窺探自己內在的潛能，正如現在還殘存著很多炮彈始終無法釋放威力，就是因為形勢還沒有發展到需要引爆它們的關頭。

農活、砍木頭、建鐵軌，測量土地、在商店裡記帳，到州立法機構工作，從事律師執業，甚至到美國國會擔任議員等狀況，都無法點燃林肯內心的火焰，無法讓他內在的潛能完全發揮出來，因為這些情況不足以激發他的反抗能量。只有在面對國家出現分裂與戰爭的危急情況，才讓林肯心中所有的潛能都激發出來，使他成為美國這片大陸上最偉大的一個人。

要是美國沒有出現內戰的話，林肯不大可能在歷史上留下如此響亮的威名。整個國家前途命運的重擔都落在他的肩上，這個責任讓他毫無保留地將自己的潛能發揮出來，將潛在的所有力量都迸發出來。要是沒有這樣緊急狀況，他也想不到自己竟然還有如此驚人的能量。

歷史上很多最為偉大的人都是直到他們失去一切，只剩下勇氣與毅力時，才真正發現自己的潛能，或者一些巨大的不幸降臨到他們身上，讓他們陷入絕境之中，最後他們不得不想辦法逃離這樣的處境。

巨人都是在現實中被逼出來的。那些不斷推動人類文明進步的強壯、充滿活力、勇敢的人都是靠自助才收穫成就的。沒有人去逼迫他們或是推他們往前走，相反地，他們必須要為了生存而想辦法，不得不去努力。

他們之所以成為巨人，是因為能夠勇敢地克服困難，憑藉著超人的毅力戰勝艱難的局勢，他們從遇到的困難中不斷汲取勝利的力量。

很多商業巨擘都是在遇到商業危機或是面臨失去財產的情況下，才破釜沉舟，發現自己身上原來還具有那麼多的能力。很多人都是在失去原本可以幫助他們成功的東西之後，在寶貴的東西被剝奪之後，才發掘自身真正的能力所在。我們最偉大的力量，最高級的潛能，都深藏在我們的本性之中，需要在遇到危急情況或是重擔危機時才能將其喚醒。只有在我們覺得無路可退、沒有外在幫助、只能破釜沉舟之時，我們才會充分發揮內在的潛能。只要我們還能從外在力量得到幫助，我們就不知道自身真正的潛能在哪裡。不知有多少年輕男女將他們的成功歸功於一些巨大的不幸，讓他們不得不去努力奮鬥——這可能是他們失去了一位親人，經營破產或是失去了房子，抑或一些人遇到重大災難，需要他們幫助，所以他們不得不去奮鬥。

責任有助於我們的發展。哪裡有責任的存在，哪裡就有我們的成長。那些從未擔當大任的人不可能真正挖掘自己的潛能。所以，這也是為什麼很難找到一個一輩子都在別人手下工作，都在聽命於別人的人是具有強健品格的。他們一輩子渾渾噩噩，總是以相對弱者的身分來出現，因為他們的能力從未得到真正的考驗或是發展，從來沒有承擔過重要的責任。他們的思想都是別人灌輸的，只需要執行別人的想法就行了。他們從未學會獨當一面，缺乏自己獨立的思想，也沒有能力獨立完成一件事。因為他們從來沒有試過自己想辦法，他們從未真正將最好的自己展現出來 —— 他們的創造力、發明力、主動性、獨立性、自力更生甚至是潛在的毅力與動力 —— 都完全沒有挖掘出來。在自己人生或是國家命運出現危機時，創造力、組合分析的能力、隨機應變的能力、應對困難狀況勇於進取，絕不放棄的能力，做事有始有終等，都不是瞬間獲得的，需要我們儲備足夠的動力與力量 —— 這些能力都只有在我們長年以來承擔重任才能鍛鍊出來。

沒有比那種認為只要一個年輕人有能力，他遲早會發光這樣的觀念更加誤導人了。他可能會發光，也可能不會。能否發光很大程度上取決於我們所處的環境，取決於我們是否處在一個能夠喚醒我們雄心壯志與毅力的環境。很多最具能力的人，都沒有最深沉的自信或是最大的目標相伴。

現在，要是機遇與適時的緊急狀況喚醒他們潛在能量的話，每間企業的很多普通員工都有能力做自己的老闆，或是比他們現在所處的位置做得更好。

第七章　責任催生能力

但如果這些職員日復一日，年復一年地站在櫃檯後面，測量著衣服的大小，他們怎麼會知道自己身上還潛藏著巨大的能量，怎麼會知道自己原來還有那麼強大的執行力或是主動性呢？事實上，一些富於野心與勇氣的人站起來，為自己的人生拚搏，但這也並不代表他們的能力就比那些走在後面的人更強。有時候，最偉大的能力伴隨著那些性情謙虛甚至是羞澀的人。還有一個原因，就是很多意識到自己有能力的人，通常害怕孤身一人到外面闖蕩所帶來的危險，害怕這樣會給依靠自己養活的家人帶來災難。若是將重任放在一個人的肩上，讓他處於絕望的狀態，那麼他必將潛能毫無保留地激發出來。這樣的處境會調動他的積極性、創造力，讓他發揮自己的才智，學會自力更生，選擇不同的方法去實現自己的目標。如果他們身上還有領導才能的話，那麼責任也會將這種能力激發出來，責任將會考驗他們做事情的能力。

我記得有一個年輕人在獲得重要提拔的半年裡，整個人激發出神奇的能力，讓之前每個認識他的人都大吃一驚，甚至連他最好的朋友都覺得不可思議。所以說，重要的責任，絕望的處境加在人們頭上的時候，就能將潛能激發出來，展現出自己到底是一個怎樣的人。給予這位年輕人的提拔以及分給他公司的一些股份，喚醒了他的鬥志，激發出他之前做夢都想不到的能力。

今天這個時代，成千上萬的年輕男女都在等待著機會來展現自己，等待著著展翅飛翔的機會。當機會、責任降臨到他們身上，就能從容地應對所要面對的事情。

很多大型企業的老闆通常對屬下的主管或是副手突然去世感到不知所措，他們害怕接下來會產生災難性的後果，認為眼下根本沒有人能夠頂替這些人的位置。但就在他們努力地找尋一個有足夠能力的人的時候，也許就讓之前的小主管臨時擔任這個職務，結果成為了更加優秀的經理，比前任做得更好。

不時有很多年輕男女脫穎而出，他們在被提拔的位置上通常要比之前的人做得更好，而很多人不久前還認為那個職位暫時還是沒人可以替代的。不要害怕讓員工承擔責任，你會驚訝地發現他們能快擺脫包袱，激發出前所未有的能力。

很多老闆總是在自己公司外面找尋人員來填充公司的重要位置，只是因為他們看不到企業內部員工的能力。只有在他親眼看見這些員工有這樣的能力時，他才會任用。但問題是，要是沒有得到機會的話，誰能展現出能力呢？

今天這個時代，也許在每間大企業裡都有一些年輕人，他們的能力與他們的主管相差無幾。沒有比讓現在身處普通位置或是之前沒有什麼名聲的人擔當重任更能鍛鍊他們了。

第七章　責任催生能力

當某位傑出政治家倒下的時候，人們通常會到處張望，想找尋到底誰能替代他的位置，但也許就在一個大家都想不到的地方 —— 也許是偏遠地區一個小鎮上一位做著普通職業的人 —— 有能力去應付這樣的危機也說不定。

要將一個人的潛能發掘出來，就必須要讓他承擔責任。如果他身上真有才華的話，自然會顯露出來。

很多人都是只有在被逼到絕境時，才能真正全面地認識自己，挖掘自身的潛能。只有在我們像羅賓遜·克魯索（Robinson Crusoe）那樣遭遇海難，只能靠自己的大腦與雙手時，只能靠挖掘自身潛能才能生存的時候，我們才能徹底地發現自己。船長也只有在可能讓船沉沒的暴風雨時，才知道自己的船員是否真有本事。

我們每個人身上都有巨大的潛能與力量，只有在遇到激發這股潛能的巨大外在力量時，才知道自己的真實的水準。很多身處平凡職位上的人在遇到危機或是緊急情況時，都會迸發出巨大的能量。

負責電梯升降的男孩也許從未想過自己有一天能成為英雄，也從未想過自己有機會能挽救那些每天與他一道搭乘電梯的重要人物。但在這幢大樓著火後，這個平時不被人注意、也沒有展現出什麼特殊能力的男孩，在幾分鐘內就喚醒了自己英雄般的品格。他穿過冒煙的地面，來到電梯前，不顧嗆鼻子的煙，用手將緊閉的電梯門弄開，為此雙手還起了水泡，最終挽救了數百人的生命。要是沒有他的話，這些人都將失去生命。

一艘船在海上遭遇海難，一位出身貧窮的移民在關鍵時刻成為了英雄，在其他船員大腦都失去冷靜的時候，他依然保持著鎮靜，指揮大家投下救生艇，以充滿權威、力量與氣勢的口氣下達命令。

一間醫院失火了，一位身體羸弱、平日性情羞澀的女生瞬間激發了內心的英雄主義，像一個巨人那樣去救火。

無論是在遇到火災或是海難，或是遭遇巨大的災難或是各種的緊急情況，都會冒出很多英雄，展現出勇敢無畏的精神。誰之前也不會想到這些人竟然能做出這樣的事情。

只有在遇到緊急情況或是遭受重大危機時，我們才知道自己身上到底有多少能量。很多人到了中年或是更晚的時候，都還沒有真正地挖掘自身的潛能。直到他們遭遇緊急的情況、損失或是悲傷的打擊，真正考驗他們，看看他們能承受怎樣的磨難。只有在真正遭遇緊急情況時，我們才能將潛能發掘出來。只有在真正面對危機時，我們才知道能否從容地去面對。

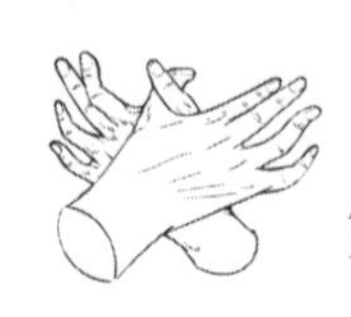

第七章　責任催生能力

我認識不少這樣的例子，就是很多富家女從小過著公主般的生活，突然間因為父母去世，失去了財富。她們從小就沒怎麼做過工作，不知道該如何養活自己，也不懂得如何做生意，不知道如何賺錢。雖然她們一開始面臨著如此多的挫折，但她們竟然能夠在極短的時間內神奇地鍛鍊自己做事的能力。她們所具有的這些能力原本就是存在的，只是沒有發揮出來而已，因為之前沒有任何生活的顧慮需要她們去為之努力。

不少年輕人因為某個身處重要職位的人出現了事故或是去世而繼任，往往能在短短的六個月裡承擔重任，而變得與之前的那個他判若兩人。這些年輕人在新的職位上培養了自己的能力，變得更有男人氣概了，身上具有了一些之前自己都沒有想到過的素養。很多缺乏經驗或是不願意努力的女性因為緊急情況突然被派到一個職位上，她們不得不要更加努力地工作，以養活自己的家人。

很多人都對自己的主動性缺乏自信，因為他們根本沒有機會去鍛鍊自己的這種能力。年復一年做著相同單調的工作根本不可能讓他們發展其他方面的能力。我們的心靈功能都必須要得到鍛鍊、增強，然後才能真正衡量自己的潛能。

我認識一些年輕人，他們除了不相信自己以外，相信其他所有人。他們似乎完全相信別人能在他們的事業上取得成就，但卻始終動搖自己的信念。他們說：「哦，不要讓我做這個部門的頭頭，某某人比我做得更好。」他們之所以逃避責任，就是因為他們缺乏自信。

鍛鍊自身能力的唯一途徑，就是在早年絕對不能逃避鍛鍊能力的機會。

絕對不要逃避去做任何能更好地鍛鍊你的自律、給予你更好的培訓或是拓展你人生閱歷的事情。無論你多麼不願意，都要強迫自己去做。沒有比發展自身能力更為重要的責任了。即便那份工作很難也沒關係，勇於承擔，然後下定決心，自己一定要比前任做得更好。

我曾聽到一個人說自己人生最遺憾的事情，就是他總推託加在他身上的責任。他天性害羞，任何可能會讓他吸引別人目光或是引起大眾注意的工作都讓他感到不自在。他身上巨大的潛能始終沒有得到挖掘，因為他從沒有承擔任何可能挖掘他潛能的責任。他很多次都想改變自己的人生軌跡，下定決心以後不能再讓提升自己的機會溜走了，但他總是不能改變那種想著凡事都要準備得十全十美，然後再去做的念頭，否則他就不願做出改變。結果是，雖然大家都知道他很有能力，天賦超群，但他的人生卻過得相當平靜，潛能完全沒有展現出來。相比於他本該在重要職位上所承擔的重任，發揮的重要作用而言，現在的他顯得沉寂與不起眼。要是他

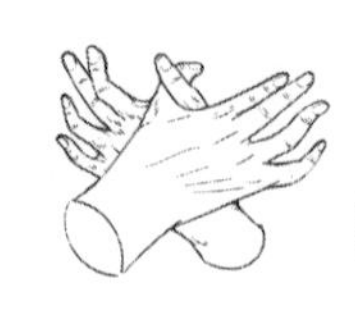

當初下定決心，勇於承擔責任，激發自身潛能的話，那麼他今天肯定會有更大的成就。

很多人從未發現過真實的自己及潛能，因為他們總是在逃避責任。他們把自己的能力租借給別人，然後任由自己最重要的潛能沒有得到施展就埋沒了。

就個人而言，我認為每個年輕人都應該要有獨立自主的目標，成為自己的主人，並立志不要在自己的人生實現別人的夢想 —— 即便你只能發出鐘鼓那樣的聲音 —— 但你至少還是屬於自己的；你要立志成為一個完整的輪子，而不是鈍齒；你要成為一架完整的機器，即便這架機器很小，也不要成為別人操縱的機器。

不斷朝著高尚的目標拓展心智，期望最終能成為掌控自己的人，憑藉勇氣、不可動搖的決心去做，這對我們的身心功能有一種強化與統一的作用。無論日後從事什麼工作，只要你能一如既往地保持自身的獨立性，你都能成為更加強大的人。這意味著自由，意味著你擺脫了限制，意味著你遠離之前處於下屬位置像奴隸般的感覺。我認為，要是放棄了對絕對獨立的追求或是獨立進入商業或是專業領域的嚮往，人是不可能達到某種程度的為人氣概，也不可能處於某種高度。

誠然，不是每個人都具有同等的執行力、心智力量、領導能力、道德勇氣或是為自己及自身的立場而成功將事情做好。當然，還有很多年輕人需要養家糊口的，他們不敢冒險去自己從事經商等活動，因為他們不敢獨立承擔所有的責任。他們缺乏勇氣去拓展自己。對可能失敗的憂慮讓他們停滯不前。還有，很多年輕人一開始在某個職位上做得不錯，經過不斷的努力得到了優渥的薪水，雖然他們也想過自立門戶，但卻被自我懷疑及別人的建議所阻擋，覺得「安分知足」就行了吧。因此，他們年復一年做著同樣的工作，直到自己變得僵化，再也很難將他從這樣的環境中拉出來了。

很多人寧願選擇穩定的工作而委屈自己，而不敢面對不確定的東西，不敢去真正發揮自己。在這些人的性情中，缺乏勇敢面對困難的骨氣，也沒有冒險的精神。他們不願意承擔重任，更願意安穩地工作，希望看到每個週六都有固定的薪水袋，而不願意去冒險，不願意承擔責任，不願意獨立承擔自己經商的風險。

你可能沒有什麼大志，也沒有要去承擔責任的意願，你更加喜歡安逸的生活，讓別人去擔心那些票據或是債務的問題，讓別人去為蕭條的市道、疲軟的購買力或是經濟恐慌煩憂吧。但是，如果你想要最大化地發揮自身潛能 —— 如果自我成長及最大限度地拓展自身能力是你的目標的話 ——

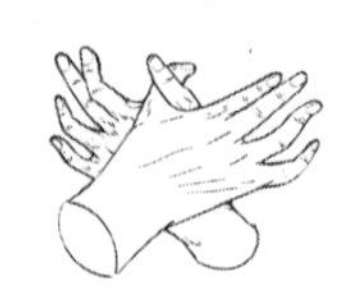

第七章　責任催生能力

那麼，在你只是在實現別人的目標或是為別人執行意願的時候，你是不可能最大限度地發揮自身優勢的。

在我們不斷實現最為重要的成長時，心中肯定會有一股自立的圓滿感覺，記住，是圓滿而不是半滿。在處於限制或是奴役的狀態下，我們是不可能完全發展自己的，只有自由，完全解放的狀態下才能做到。老鷹要想展現作為老鷹的力量，就必須要逃離牢籠的束縛，無論這個牢籠多麼寬敞多麼舒服。

我們的真正能力，是深藏在心靈深處，在我們本性裡潛藏著，而不是在表面上所見到的。每個人都有能力將自身潛能激發出來，成為對這個世界有用的人，成就一番事業。而那些不這樣做的人則是在違背自己與生俱來神聖的權利。

每個活在世上的人，要是不將身上的潛能激發出來，就這樣渾渾噩噩地生活至死，這是對自己的一種犯罪，也是對人類文明的一種犯罪。

不要害怕去相信自己。相信自己創造的能力。如果你真的有能力，那麼獨立自主的人生遲早都會展現出來的。

無論你做什麼，都要培養一種獨立自主的大度精神。讓你的工作來表達你自己，不要只做一架機器上的鈍齒。要有主見，最大程度去實現自己的想法，即便是在你為別人工作的時候。

第八章
不可動搖的目標

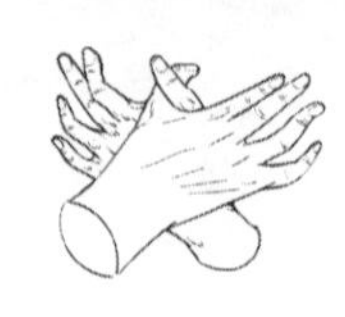

第八章　不可動搖的目標

要想讓水產生水蒸氣，就必須加熱到攝氏一百度。九十三度不行，九十八度也不行。水必須要達到沸騰的狀態，才能產生足夠的水蒸氣去驅動火車引擎，推動火車前進。微熱的水是做不到這點的。

很多人都想著用「微熱」的水，或是用沸騰的水去推動人生這架「火車」的前進。但他們內心滿懷不解，不知道為什麼自己停滯不前，為什麼就無法出頭。因為他們總是想著以九十三度或是九十八度的水溫去驅動引擎，他們根本不理解自己總是無法前進的原因所在。

要是在工作中保持「微熱」狀態，那麼，這就如微熱的水無法驅動火車頭一樣，我們也難以取得什麼成就。只有全身心地投入進去，將人生的全部力量都放進去，我們才有希望取得成功。

菲利普斯·布魯克斯在跟年輕人談話的時候，經常敦促他們要「全力去做事」。單純擁有一個想要做事的念頭，是遠遠不夠的。只有一條實現夢想的途徑，那就是集中全身的精力，努力成為有所成就的人。每個人都會有所期望，都想有所成就，但只有目標明確、心智強大與精力旺盛的人才能有所成就。

夢想者與行動者之間存在著巨大的距離。單純的一個夢想就好比是溫熱的水，是永遠不可能讓火車朝著目的地前進的。要想到達我們的終點，就必須要讓水處於沸騰的狀態，讓「水蒸氣」去為我們服務。

要是羅斯福的夢想只是安於在小鎮上當一個治安官的話，那麼美國人民還能聽到狄奧多·羅斯福的名字嗎？如果羅斯福只是將一小部分的精力投入到工作中去，他能成為美國總統嗎？他人生成功的重要祕密，就是全身心地投入到自己所做的事業，是全身心，而不是一小部分。無論做什麼事，他都滿懷決心、能量去做。他做事不會猶豫再三，也不會半途而廢，因為他有一個高遠的目標。

任何有所成就的人生都必然有一個不可動搖的人生目標，這個目標在他所有的人生動機裡占據主要地位——這個居於主宰地位的原則是如此重要，如此希望得到別人的尊敬，絕不會讓自己走在錯誤的道路上。要是沒有這樣的目標，水是不可能達到沸點的，人生的火車也不可能前進半步。

那些擁有強烈目標的人具有積極、富於建設性與創造性的力量。要是缺乏強大的集中力，誰也不可能變得足智多謀、富於創造力與獨創性。避免精神出現分散是我們實現夢想與人生目標的一種重要能力。要是對一些事情並不感興趣或是缺乏熱情，我們是不可能集中精神的。

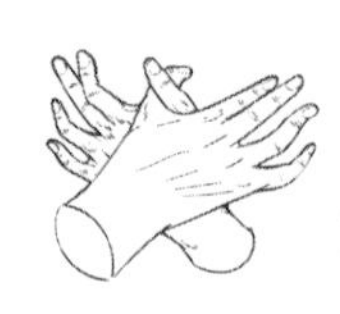

第八章　不可動搖的目標

一個人看待人生事業的目光，應如偉大藝術家看待自己的傑作一樣，好像自己的作品就是展現著最好的自己，這些東西能帶給你無限的自豪與滿足感，這種自豪與滿足感是其他任何東西都無法給予的。但還是有很多人漫不經心地對待著自己的工作，非常容易就分心。

我認識不少年輕人，他們都想要在事業上有所成就。但他們可能在一個晚上就因為其他一些事情而放棄了原本要追求的事業。他們總是在疑惑，到底自己是否正處在正確的位置上，或是他們的能力在這個職位上能否最大的發揮呢？在遇到挫折時，他們會感到很沮喪。或是在聽到別人在某個行業裡取得了成功，他們會感到沮喪，就會這樣想，如果這些成功人士在自己的行業內做事的話，肯定無法取得成功。如果一個人漫不經心地對待自己的工作，缺乏足夠的熱情，那他就很容易選擇放棄，我們可能也會覺得他並沒有處在正確的位置上。如果上天呼喚你從事某個職業，並且這種呼喚在你的血管裡流淌的話，那麼，這就是你的人生的一部分，你無法遠離他。誰永遠都無法遠離這樣的心靈召喚。這種召喚存在於你的腦細胞，在你的每個神經細胞，在你的每一個血球裡，你無法擺脫這樣的召喚，正如獵豹無法改變身上的斑點一樣。所以，在一個年輕人問我他是否最好做出一些改變時，我可以肯定他並沒有處在上帝希望他所處的位置上，也沒有在一個完全適合他本性發揮的位置上工作。這種心靈的召喚對他而言比心跳更近，比呼吸更親密。在他身體的每個細胞裡，都有構成他生命的影像，他無法遠離這樣的呼喚。

讓我們人生變得璀璨奪目，更具力量的東西，就是要有一個最高的目標，並有實現這個目標的強烈願望。無論我們離這個目標的實現還有多遠，或是因為各種錯誤或是不良的環境而偏離了多遠的位置，我們都不能放棄追求這個目標的希望與決心。

一些人沒有足夠的道德勇氣、堅持與品格的力量，不願意克服阻擋在他們前進道路上的障礙。他們隨波逐流，放任自己在不適合的位置上工作，也沒有堅強的意志力去讓他們為實現目標而奮鬥。他們被壓力拋到一邊，不得不去做一些自己根本不喜歡的事情，不願意做出改變。

要說在這個世上還有什麼事是人們需要去為之奮鬥的話，那就是追求夢想的自由。因為只有在追求的過程中，我們才有機會發揮自身的才華，釋放出自身最大的潛能。這是一個以最宏大、最圓滿的方式去講述自己人生的機會，也是我們以富於自身特色及創造力的方式去展現自己的途徑。

即便是源於一種責任感或是發揮意志力去克服前進上的障礙，如果我們不去追求自己的夢想，不去實現心中最大的願望，那麼我們的人生從某種程度上說都可算是失敗的。

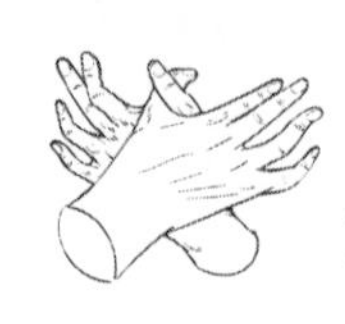

第八章　不可動搖的目標

毫無保留的決心具有一種重要的力量 —— 強大、堅持與堅韌的目標讓我們破釜沉舟，掃清前進道路上的障礙，無論這個過程需要多長的時間，無論需要做出多大的犧牲，我們最終都會實現目標。

一個積極、重要的目標帶給我們的激勵可以徹底改變我們的人生，改變之前左右搖擺、毫無目標、放縱消沉與一事無成的自己，我們似乎被某種神性力量附體 —— 即便是愛，有時也能讓一位平日做事散漫、毫無目標的人成為一個做事有條理、注重個人品格的人。

當一個全新的目標與不可動搖的理想喚醒了一個人沉睡的力量，那麼他就是一個全新的人了。他會以全新的眼光看待這個世界，所有之前讓他感到疑惑、恐懼、冷漠或是其他的各種誘惑，都是昨天的事情了，讓他過去蒙羞的停滯，都會神奇地消失，所有這些都被一個全新的目標所驅散。美感與系統會替代冷漠與疑惑，秩序會代替無序，他身上所有沉睡的能量都會被喚醒。全新的理想帶來的影像，就好比是流動的水流入了以往的死水，產生淨化的作用。一旦水開始流動起來，水就開始乾淨起來了。花朵就會在原先有害的野草上綻放，植物、美麗的樹木，小鳥的歌唱都會讓之前充滿瘴氣的地方充滿愉悅。

化學家告訴我們，一種化合物分解時，原子就會從之前相互吸引的原子掙脫出來，要想讓另外一個自由的原子與它結合，就需要耗費巨大的能量。但這顆原子處於分離的狀態越久，那麼它的能量就越弱。在原子處於懶散的時候，很容易失去活力與相互吸引的能力。

當原子首次從其他原子中分離出來時，就處於「尚不成熟的」，也就是「新生的」狀態。就在此時，新生的原子擁有最強的吸附能力，如果它找到一個也是剛剛脫離而出的原子，馬上就會以比前所未有的力量結合在一起。要是它錯過了一開始的結合，那麼它的力量就會慢慢消失。

在古老的神話裡，米娜瓦 (Minerva)，這位智慧女神從朱比特 (Jupiter) 的大腦裡得到全面、完整的智慧。人類最高的認知力，最有效的思想，最富創意與力量的想法，最具遠見的思想，都與他們最高的力量成正比，都完全源於他們的大腦。那些一味延遲自己人生目標，不斷延遲執行自己理想，總是壓抑自身思想的人，總想著在一個更為適合的時間釋放自己的力量，這樣的人必然是弱者。那些真正具有力量、精力充沛與高效的人都能滿懷熱情地執行自己的人生理想。

我們的理想，我們的願景，我們的決心，每一天都以全新的方式呈現出來。因為這種願景都是適用於今天的，而不是為明天保留的。明天自然會有明天的願景與想法，今天，我們就該實現今天的願景。

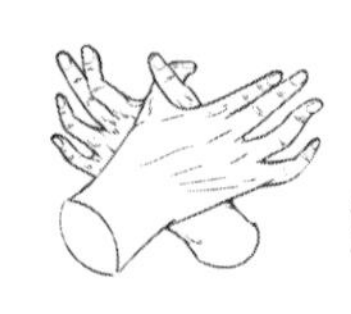

第八章　不可動搖的目標

靈感突然光速般閃過藝術家的大腦，但是他此刻並不方便拿起畫筆，無法在腦海中這幅永恆畫面消失前將其定格。他在腦海裡不斷地思索，而要想留下這個畫面就必須要全身心投入。但此刻他不在畫室，或是他不方便將自己的想法畫在畫布上，然後這幅畫面就慢慢從他的腦海裡消失了。

一個強烈、迅疾的靈感閃過作家的腦海，讓他內心充溢著澎湃的激情，想立即拿起筆將腦海中的畫面寫在紙上。但在那一時刻，卻並不方便這樣做，雖然繼續等待是不可能了，於是他只能延遲寫作計畫。那些畫面與念頭依然在他的腦海裡盤旋，但他依然繼續延遲。最終，這種感覺越來越微弱，最後就消失，永遠不見了。

這些現象的出現都是有原因的。為什麼我們會有如此強烈、不可阻擋的衝動呢？為什麼會有這樣具有無限可能性的神性呢？為什麼這些衝動來臨的時候那麼快速，給我們留下那麼深刻的印象，卻又走得那麼快呢？

它們來臨的本意，是讓我們必須要在記憶清晰之時必須果斷記錄，在衝動依然強烈之時迅速執行。我們的思想與視野都像是荒野裡的食物，很多以色列人每天都能採集到這些食物，要是他們想囤積起來，這些食物就會變質，食物的營養就會消失，失去其存在的價值。那麼，我們也不能再利用這些食物了。

要是任由內心的衝動消失，熟視無睹的話，這會讓我們的品格逐漸墮落。因我們正是在執行計畫的時候，才讓自己更具動力。任何人都能下決心去成就大事，但是只有那些真正強大、具有決心的人才能將夢想化為現實。

如果我們能讓自身處於最高狀態的時刻定格起來，那麼我們的人生將能成就多麼輝煌的事業，將成為多麼偉大的人啊！但我們卻讓這種熾熱的激情慢慢冷卻，等待我們覺得是時候將這種激情執行之時，激情早已褪去，再也不見蹤影了。

要想找各種理由或是原因去麻痺或欺騙自己，也不是那麼容易的。很多人總覺得自己在下決心去做富於價值的事情或是正在實現夢想，但最終這不過是自欺欺人。

我認識這樣一個人，要是別人暗示他工作不努力或是說他一事無成的話，他就覺得自己受到了侮辱。雖然他是一個很有能力的人，但他的人生總是在不停地從一份工作跳到另一份工作，旁人很難看出他到底做出了什麼改變。但每當你見到他的時候，他總是抬起頭顱，充滿熱情，洋溢著樂觀的氣息，似乎他的人生正朝著勝利的方向前進。他的熱情來得強烈，但消失得又是那麼快。事實上，他總是活在陰影裡，總是想像著自己能夠去做更為重要的事情，並且自我說服，覺得正在慢慢地接近目標。但他從沒有在一份工作做很久，

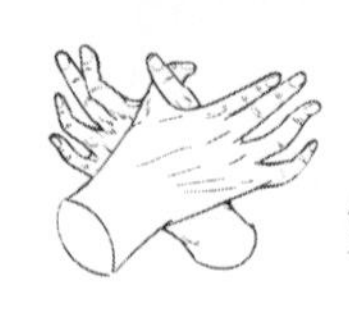

也從沒有做得熟練。他總是希望自己的人生能去做一些輝煌燦爛的事情，但很少有人像他這樣一下子做那麼多事的，也很少人像他這樣什麼都做不好的。

凡事延遲的習慣會扼殺主動性哪怕是最強的人。過分謹慎與缺乏自信是主動性的敵人。當目標激勵著我們前進，當熱情指引著我們出發，避免做事拖遝，難道這不是更容易一些嗎？前者是負累，後者是樂趣。

對知識如飢似渴的追求讓我們成為學者；對美德不懈的追求讓我們成為聖人。對高尚行為的追求讓我們成為英雄與真正的男人。我們到處可見的成功人士，都只不過是集中精力實現自己長久以來願望的人而已。每個人趨向目標的程度，與他們願望的強烈程度及努力程度成正比。

要是一個人只是「想」做這事或那事，或是「希望」自己能做這件事，抑或能夠做某事，「那就好了」。而另一個人則明白，只要他還活著，就要下定決心將潛能激發出來，將想做的事情做好。我們聽不到後者去抱怨沒有人給錢自己上大學，他也不會說自己只是「想」上大學。他會說：「我要為日後更為重要的工作而做好準備。我相信自己的未來，深信自己一定能夠成功，一定能實現自己遠大的理想。我一定要做好最充分的準備，絕不打無準備的仗，我將努力去接受大學的教育。」

要是你發現這樣一個男孩，無論發生什麼，他都有恆心去做好想做的事。因為在他看來，沒有什麼藉口可以找，你幾乎肯定這樣的男孩具有勝利者的特質。他不會拖延實現自己夢想的工作，不會在無可挽回的時候才後悔，不會在榮光不再時才懊惱。他會立即將精力投入到實現夢想的過程中，如果這個夢想是能夠實現的話，那麼他將取得成功。

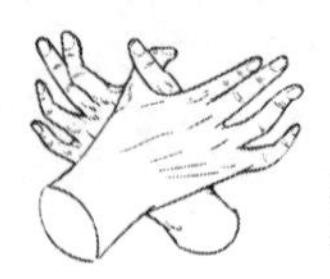

第八章　不可動搖的目標

第九章
你喜歡自己的職業嗎？

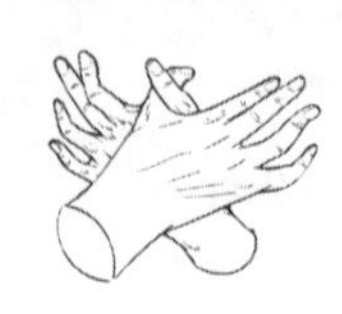

第九章　你喜歡自己的職業嗎？

我引用最近收到一封信有這樣幾句話：「在你二月分的社論裡，下面的段落讓我印象深刻：『要是一輩子都在兜售謊言，或是名不符實地銷售假貨給別人，這將摧毀任何一個具有高尚情操的人 —— 讓人無法實現任何一種形式的卓越。』現在，我碰巧就是在銷售假貨的行業裡，我真心討厭這樣的工作。一旦我能滿足別人的利益後，就離開現在的工作。」

這位年輕人的年薪超過一萬美金，他說自己的工作是「以窮人階級的無知來進行欺騙，讓那些無力購買的人成為獵物」。他接著在信中說道：

「雖然我需要金錢，但我並不喜歡這樣的工作，我也無法滿懷自信地寫出自己的工作專案，因為我知道這些都是欺騙人的。除此之外，我非常害怕您在社論裡所提到的事情，也就是，在工作中逐漸墮落。在這個世界上，我最討厭虛偽。在虛偽的基礎上，我無法做好任何事情。我不想在這樣一個工作職位上繼續做下去，即便它給那些最有才能的苦行者支付最高的薪水。」

看到很多精力充沛、聰明與富於希望的年輕人，原本可以在更好的工作職位上就職，卻只能在一個自己內心不認同、降低自身理想，矮化自身本性、讓自己鄙視自己、扼殺內心最為美好與高尚的東西的職位上工作，日漸遠離最為純真與美好的自己，這真是讓人心碎。

我們經常聽到年輕人這樣說：「我不喜歡所從事的工作。我知道這份工作會對我產生負面影響。我不相信自己工作所使用的方法，也不喜歡用欺騙的方法去贏得別人的金錢。我羞於向朋友們介紹我所從事的工作，不敢讓他們知道我在做什麼，我只能盡量少在公共場合談論自己的工作。我知道應該改變自己，但這是我所唯一熟悉的行業，我必須要賺足夠多的錢來維持形象。因為我現在的工作能獲得優渥的薪水，而我也養成了大把花錢的生活習慣，我沒有足夠的道德勇氣去冒風險。」

年輕人，不要用別人也照樣從事這樣有問題的工作，那麼自己也可以這樣做的藉口來開脫了。如果你願意的話，肯定會有更加適合你的工作。造物者向每個人都給予了一個保證，這個保證就流在我們的血液與腦細胞裡。如果你能保持良好的人生記錄，去做適合自己本性的工作，你就能成為一個真正的人，你將取得成功，也會獲得真正的高尚品格。但如果你無視自身的本性，你必將會失敗。現在的工作可能讓你獲得豐厚的薪水，但這本身並不代表著成功。如果「無所不能」的金錢讓你只能步履蹣跚地在人生的事業上黯淡地走著，如果賺錢成為你唯一的人生目的，你必將失敗，無論你賺取多少金錢。如果金錢玷汙了你純真的血液，如果你賺取的金錢是骯髒的，如果你貪婪成性，如果嫉妒與貪念讓你只顧著囤積財富，如果你為了金錢犧牲了正義，犧牲了別人美好的生活，如果你所擁有的股票或債券有著不光彩的紀錄，或是你在一味累積金錢的時候玷汙了自身品格，那麼你就不要吹噓自己的成功了，因為你已經失敗了。無論你如何去掩飾，透過骯髒的手段來賺錢，就是失敗的。

造物者已經給你數千個暗示了，不要去做錯誤的事情，而要做正確的事情。做正確的事，做符合本性、規律與科學的事情，那麼這一切都會給予你幫助，因為獲得正直的品格就是宇宙的計畫之一，因為這就是事情的自然屬性之一。要是你違反了這樣的法則，那麼這些力量肯定會對你產生反作用，一定會擊敗你的。

對那些向我寫信徵求建議的年輕人們，讓我說幾句吧。如果你完全憑藉著意志力克服內心的不安去賺錢，或是做一些你無法全身心投入的事情，抑或是你無法讓靈魂深陷進去的工作，因為你覺得這些事情是不對的。那麼，你能在另一個讓你完全信任與喜歡的工作職位上做得更好。如果你拒絕玷汙自身的名譽，無論那樣能讓你獲得多大的報酬，都能大大增強你成功的機率。

事實上，你能勇敢地離開充滿問題的工作，選擇站在正確的一面，無論這會產生怎樣的結果，因為這會給予你無限的幫助。當你心中升騰起勝利的感覺時，這將給你帶來更為強大的自尊、無比的自信與積極的影響，而不是像一個被人統治的人那樣抬不起頭。任何人要是能勇敢、堅定地站在正確的一方，他就不會失去什麼。

你的心中有一個指南針，其中的指標會很自然地指向正確的方向，這就好比北極星那樣時刻指引著北方。如果你不遵循它的方向，那麼你就時刻有撞上岩石的危險。你的良心就是你的指南針，在你需要人生抉擇的關鍵時刻，你必須要用自己的良心，這是唯一能讓你安全駛向成功港灣的指引。

要是一個水手拒絕透過指南針來判斷方向，聲稱指南針每時每刻都指向北邊是毫無根據的，應該將指標轉一圈，讓它指向其他方向，然後固定指標，朝著那個方向前進，那會出現什麼結果呢？他將永遠不可能安全地抵達港口。

只要一點小小的影響 —— 只需要一點點力量 —— 就能讓指標遠離原先的位置。你良心的指南針一定不能受貪念或是一時的權宜之計所迷惑。你一定要讓良心的指南針處於一種自由運轉的狀態。那些昧著良心去做事的人，那些遠離本性善意的人，那些不斷努力說服自己，聲稱還有其他關於正義標準的人，還有其他星星也能像北極星那樣指向北方的人，就會選擇一些存在問題的職業。顯然，這些被金錢迷惑的人必然會招致災難。

第九章　你喜歡自己的職業嗎？

我時常遇到一些年輕人，他們都不敢告訴我他們從事什麼職業。他們似乎羞於說出自己的工作。不久前，我遇到一個年輕人，他很不情願地告訴我他的職業，他說自己在一間酒吧裡做酒保。我問他在那裡做了多久，他說已經做了六年。他說其實自己並不喜歡這份工作，說這份工作只會讓人墮落，但他卻能從這份工作中賺取豐厚的薪水。他說，只要自己賺了足夠多的錢，就會辭掉這份工作，去做其他的工作。顯然，這個年輕人這麼多年來都是在欺騙自己，覺得自己做得其實還可以，覺得他很快就會辭掉這份工作。

從事一份違背自身本性的工作，這必然會對我們的品格產生不良的影響。努力地與自身完全不認同的觀點妥協，這對我們的成長是致命的。這也是很多人在置身錯誤職位上，選擇逃避與退縮，而不是努力去拓展自己的原因。一個自願投筆從戎的士兵肯定比一位被迫招募的士兵更有可能成為優秀的士兵。

很多年輕人試圖為自己的工作去正名，不斷透過自我暗示來消除內心反抗的聲音，覺得自己現在還是繼續堅持這份工作，繼續留在這個可能有問題的職位上，因為這份工作豐厚的薪水能讓他以後有資本去做更好的工作。他們用這樣的心理暗示來麻醉良心，讓反抗的心靈趨於沉靜，直到他們再也聽不到心靈的呼喚。

不要再自欺欺人了，覺得在骯髒的工作上能賺乾淨的錢。不要用「認為自己能改善不良行業」或是「我能讓這個行業變得高尚」來麻痺自己了，很多人就是因為這樣的自我麻醉最後墮入毀滅的深淵。一些工作的確會自然讓人墮落的，摧毀人善良的本性，讓像林肯那樣受人尊敬的人都變得鐵石心腸。如果你現在所做的是錯誤的話，立即停止吧，不要與這樣的工作發生任何瓜葛。如果你對此感到疑惑，或是你覺得自己的工作正在扭曲你的良心，大膽地讓自己去質疑吧。不要冒這樣的風險，不要在不能回頭的時候才說後悔。

對一份不良職業長時間熟悉後，在你看來，這份工作會非常適合你。如果這份工作還能讓你賺到不少錢，這最終會消除你的疑慮，模糊你的道德準則。如果你覺得從事這份工作能夠得到相應回報的話 —— 至少你有錢可以去做其他的事情。除此之外，習慣的哲學就是，每當你多一次重複相應的行為，那麼你對此就會更加確信，最終你會不斷地重複，讓行動者成為一個執行的工具。雖然你軟弱的意志在不時發出反抗的聲音，但你飽受訓練的神經依然不斷重複這樣的行為，即便你有時對此感到厭惡。最後，你已經不可避免地成為自身行為的奴隸，就如原子的活動時刻受到地心引力的作用。

所以，我的朋友們，在你從事一份有問題的工作，去做一份無法讓你全身心認同的工作時，不要忘記習慣所帶來的巨大的吸引力。當你希望做出改變時，習慣就會像一個巨人那樣將你拉回到原先的道路上。

你沒有權利去從事一份將你卑劣特質暴露出來的工作——諸如欺騙、詭計、伎倆、精明、私下操作等行為——還有那些時刻想著如何騙取別人財富，只知道索取，而不懂得施捨的人，最終會讓你身上最高尚的特質枯萎與死亡。

如果你已經做出了錯誤的選擇，為什麼你還要待在一個自己心中都不贊同的工作位置上呢？難道這個職位不讓你感到羞恥嗎？難道你不需要每天都要欺瞞一下自己的良心，去說些欺騙人的話或是錯誤的說辭來不當地影響購買的顧客嗎？難道你要用自己嫺熟的技巧及騙人的油槍滑舌來引誘顧客，去占他們的便宜，然後再讓自己事後感到自責嗎？

為什麼你要如此踐踏自己的尊嚴，在一個讓人可鄙的位置上扭曲自己的能力呢？你原本是可以在一個讓你清白、受人尊敬的職位上工作的，可以全力發揮你的能力與激發你自身潛能的。

你說，要想改變非常難。當然，在你朋友都迅速致富發財了，而你依然要在普通的位置上做著普通的工作，只為讓自己做一個好人，這讓你心理失衡。當然，要拒絕向任何有疑問的工作方法、謊言、伎倆或是欺騙，特別是在別人都那樣做的時候，這是需要勇氣的。當然，當別人憑藉著謊言來賺取金錢時，說出真相，這是需要勇氣的。當然，在你原本可以用一些事先想好的術語來欺騙顧客時，你拒絕了這些不該的來的金錢，這是需要勇氣的。當然，在你向那些有權勢的人點頭哈腰就能知道內幕消息，而那些不知道的人則只能遭受損失時，你能抬頭挺胸，這是需要勇氣的。當然，下定決心絕不將骯髒的金錢、欺騙得來的金錢或是飽含著別人傷心淚水的金錢放進自己口袋，絕不騙取那些可能讓原本已經貧窮之人的一分錢，或是摧毀別人珍視已久的人生夢想，讓別人失去實現夢想或是接受教育的機會，這需要勇氣。這才是真正的人所應具有的品格。正是我們的骨氣與動力給予我們勇氣 —— 讓我們可以堅持正確的原則，反對錯誤的原則，無論這會產生怎樣的結果。

若是必須的話，寧願穿布衣，每天只吃一頓，住在茅茨之屋，家徒四壁，過著清淡的生活，但絕對不能賤賣自己的品格，或是出賣自己的能力去做骯髒的事情。去挖溝，搬運煤炭，到鐵路做護路工，用鐵鏟挖煤 —— 寧願做其他工作，也不能犧牲自尊，模糊自己的是非觀，讓自己真正過著快樂的生活。當你意識到自己做到最好的那種認同感，會將你身上最高的潛能全部挖掘出來。

不要選擇那個能給你帶來最多金錢、物質回報、名聲的

第九章　你喜歡自己的職業嗎？

職業，而是要選擇適合自己本性的工作，選擇能發揮你潛能並且鍛鍊你人格力量與平衡心智的工作，讓你收穫個人的名聲。品格要比財富與名聲更重要。高尚的品格是心靈最重要的呼喚，要比任何獎賞都更加重要。

第十章
有所堅持

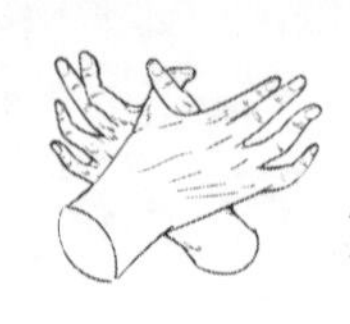

第十章　有所堅持

對人來說，最偉大的一點是，無論取得了怎樣的成就，依然能保持自己乾淨清白的人生紀錄。

雖然時代動盪與不安，但為什麼林肯的形象隨著時間的流逝而愈發高大，他的品格越來越為世人所讚許呢？這是因為他總是保持乾淨的人生紀錄，從不出賣自己的能力，也不會拿自己的名譽做賭注。

在人類歷史上，即便那些只擁有金錢的人，無論多麼富有，但都不能像這位出生在偏遠山區的貧苦男孩這樣對人類文明產生如此巨大的推動。林肯的這個例子極為清晰地表明了一點，那就是品格是人類歷史上最為重要的推動力量。

一個人要想擔當重任，對世界的發展產生積極作用，就要有所堅持，不能賤賣自己的能力，不能為了薪水而犧牲自己的品格，也不能為了權力或是地位而犧牲自己的名聲，不能昧著良心去做自己不願意做的事情。

今天這個時代，很多人遇到的問題就是他們除了自己的工作之外，無法在其他方面有所堅持。他們可能接受過良好的教育，在專業領域做得不錯，也許擁有很強的專業知識，但他們卻無法讓人信任。他們身上的一些缺點讓自身的美德失去光彩。他們可能為人誠實，但卻無法讓人依賴。

找到一位對專業知識了解透徹的律師或是醫生並不難，他們可能在各自的專業裡都做得非常好，但我們卻很難找到一位在成為律師或醫生前就已成為真正男人的人，找到一個讓自己名字代表著清白、可靠與誠實的名聲的人。要找到一個具有口才的牧師並不難，但找到在一個在布道演說背後的那個真正具有男人氣概、威嚴與骨氣的人，這卻很難。要找到一個成功的商人並不難，但要找到一個將品格看的比生意還重要的商人則很難。這個世界所需要的，不僅要在專業領域裡遵守法律、醫德與是商業法則的人，還要在其他方面有所堅持，能夠在走出辦公室或商店後，依然有所堅持，能夠勇敢為社區的人們吶喊，發揮自身的影響力。

我們到處可見很多聰明人，但卻很難找到一個過往人生紀錄像獵犬的牙齒那樣清白的人，一個絕不會偏離正確軌道的人，寧願自己失敗，也不會去從事有問題的交易活動的人。

無論到哪裡，我們都能看到很多商人在自己前進道路上設置「欺騙」的攔路石或是使用不誠實的方法，最終在試圖欺騙別人的過程中絆倒了自己。

我們看見很多百萬富翁的內心充滿了恐懼，害怕調查會揭發他們之前的不法行為，害怕自己的醜行會暴露在大眾面前。我們看見他們在法律面前蜷縮著，就像被鞭打過後的西班牙獵犬，拚命抓住稻草，以免讓自己的行為曝光，在大眾面前丟臉。

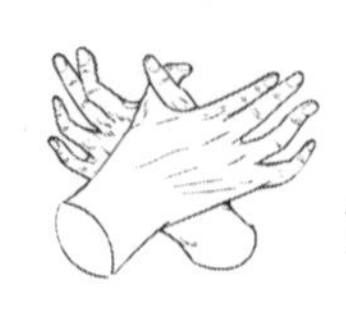

第十章　有所堅持

活在公共的鎂光燈下，享受被人羨慕自己的財富與權力的感覺，享受世人賜予的高尚與坦率的評價，但卻每時每刻都覺得其實自己並不是世人所想的那樣，生活在害怕被別人發現這些謊言的恐懼裡，害怕某些事情會最終揭發他們面具下的醜陋，讓世人可以看清他們的真正面目，這樣的生活真不是人過的。但是，任何事情都無法傷害到那些真誠對待世界的人，因為他沒有什麼可隱瞞的，也沒有什麼是需要向別人隱藏的，他們過著透明的乾淨生活，從不害怕別人揭發自己。即便他所有的財富都失去了，他知道自己會在同胞心裡豎起一座豐碑，知道自己能夠贏得世人的尊敬與愛戴。任何事情都不能真正傷害到他，因為他保持著乾淨的人生紀錄。

羅斯福總統在人生早年就下定決心，無論發生什麼，無論自己所做的事最終取得成功或是失敗，無論他交到朋友或是敵人，他都不能拿自己的好名聲做賭注 —— 他寧願失去其他東西，也不能拿自己的聲譽去做賭注，他一定要保持自己良好的聲譽。他的第一目標就是要有所堅持，成為一個真正的男人。在他進入政壇或是去做其他事情之前，他首先想到的，都是要先要做一個男人。

在羅斯福總統的早年生活，只要他與那些不誠實、精明的政治家勾搭上，他其實有很多機會去賺大錢；他也擁有很多機會可以順利進入政界，但是，他絕對不讓自己使用不光彩的方式去做。他絕對不能成為假公濟私的一分子，也不能做見不得人的交易。他寧願失去自己想要努力追尋的位置，讓其他人代替自己，也不能冒著玷汙自己名聲的方式去贏得這樣的聲譽。只有在他確定自己的行為光明磊落，不存在任何見不得人的東西時，他才會拿屬於自己的金錢，到某個位置上任職或是同意升遷。那些出於個人目的想去遊說他的政治家都知道，試圖賄賂他是沒用的，也不能用支撐贊助、金錢、地位或是權利去影響他。羅斯福非常清楚，自己這樣做會犯很多錯誤，結下很多敵人，但他如此堅定地秉持自己的原則，讓他的敵人至少都對他誠實的目標與坦率的為人與公平的做事方式心存敬意。羅斯福總統從年輕時就想著要保持自己清白的人生紀錄，讓自己的名聲經得起考驗，無論遇到怎樣的情況，都是如此。與此相比，其他的任何事情都顯得無關緊要。

在今天所處的時代，這個世界特別需要像羅斯福這樣人——一個知道如何辨別清正確與錯誤的人，知道如何保持對真相的忠誠的人，一個知道不隨意迎合大眾口味的人，一個將責任與真誠視為人生目標的人，一個待人坦誠，絕不左右搖擺的人，即便有很多誘惑引誘著他。

誰能估量羅斯福總統的行為對美國政界的清明與提升美國夢想所產生的積極意義呢？他已經改變了很多政治家與政

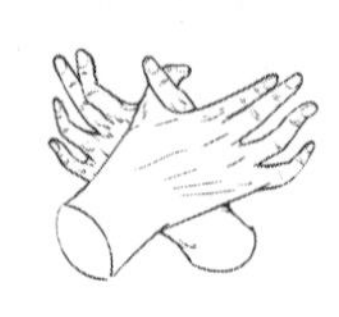

客的觀點，他展現出一種全新更好的做事方式，他讓很多人為過往那種只顧著結黨營私與自私的貪念的人感到羞恥。他始終堅持一個全新的理想，透過自己對國家無私的服務展現出來，這要比很多人只顧著自我誇大的行為高尚太多太多。今天，美國的愛國主義精神擁有更為豐富的內涵，很多年輕政客與政治家都採取了這樣清明的做事方法，豎立了更高的目標，這都是因為羅斯福總統之前所帶來的影響。毋庸置疑，在這個國家，成千上萬的年輕人都非常注重人生的清白紀錄，成為一個誠實與有理想的好公民，因為歷史上有那樣一個總是堅持著「為人清白」、堅持著正義與美國精神的人。

每個人都應該覺得內心裡有某種東西是金錢所不能賄賂的，也是任何外在影響所不能買的，更是不能出售的，有些東西是別人無論出多麼高的價格，他都不願意犧牲或是篡改的。倘若必要的話，為了這樣東西，他寧願犧牲自己的生命。

如果一個人能為有價值的東西有所堅持，能讓自己為此感到榮耀，感覺自己真實的價值得到了體現，那麼，他就不需要什麼推薦信，也不需要華麗的衣服、漂亮的房子或是外在的幫助，他本人就是最好的證明。

那些一踏入社會就下定決心要讓自己的品格成為自身資本的人，無論履行什麼職責，都會全身心投入進去。這些人是不會失敗的，即便它無法贏得名聲或是財富。要是一個人在工作的過程中失去了自己的品格，那麼他是很難有所作為的。

到目前為止，還沒有發現什麼是可替代誠實這種特質的。很多到處「碰壁」的人都在努力地想要找尋這樣的替代品。我們的監獄裡裝滿了那些想要以其他東西替代誠實的犯人。

當某人占據了一個不適合自己的位置上，並終日戴著面具，是沒有人會相信他的。因為他內心的「監測器」一直在說：「你知道自己在說假話，你並不是你裝出來這樣的人。」意識到自己並不真誠，知道自己不是別人所想的那樣，讓一個人失去力量，讓品格蒙塵，摧毀我們的自尊與自信。

當有人鼓動林肯去錯誤的一方做辯護的時候，他說：「我做不了。我在法庭上做陳述的時候，一定會在想：『林肯，你是一個騙子，你是一個騙子。』我覺得自己會最終忍不住，然後大聲說出來。」

品格作為一種資本，被很多年輕人貶低了。他們似乎更看重精明、機靈、會耍伎倆、認識有權勢的人，而不是那些為人誠實與擁有正直品格的人。為什麼很多企業要為使用一些去世已經超過半個世紀或是更長時間的人名字而付出鉅款呢？這是因為這些人的名字代表著一種力量，因為這些人的

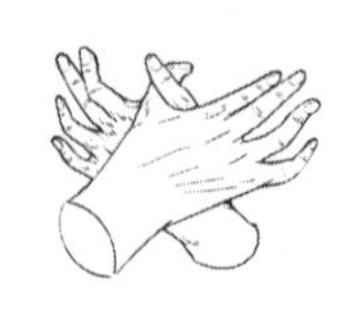

第十章　有所堅持

名字代表著一種品格，代表著一些原則，更代表著可信度與公平交易的聲譽。想想諸如蒂芙尼（Charles Lewis Tiffany）、派克與迪爾福德及其他在商界代表穩重與誠實交易的重要人物，他們那如磐石一樣不可動搖的信譽所具有的價值的吧！

很多年輕人都知道這些事實，但他們還是想以欺騙、伎倆或是耍花招等方式為基礎去建造屬於自己的「商業大廈」，而不是想著如何鍛造自己堅強的品格、誠實可信的人格與男子氣概，這難道不讓人覺得奇怪嗎？很多人非常努力地在不牢固或是脆弱的根基下建造大廈，而不是想著以誠實的產品與公平的交易作為堅實的後盾，去建造更為牢固的人生堡壘，這難道不同樣讓人覺得奇怪嗎？

在我們的名聲遭受質疑前，個人的名譽是價值千金。而當世人猜疑你的名聲時，你的名聲就一文不值了。世上沒有任何東西可以取代品格的地位，世界上沒有任何政策、任何對錯能與誠實與公平正直相提並論。

當非法與不誠實的勾當被揭發出來，當所有披著「羊皮」的惡棍被剝去外衣的時候，我們才發現，原來正直才是當今商界最為重要的東西。在人類歷史上，品格從未像現在這樣變得如此重要，並且顯得越來越重要。現在這個時代，品格要比以往任何時代都更加重要，比任何時代都代表著更多內涵。

在過去的時代，那些最為精明、最會耍手段的人能肆意地占別人的便宜，獲得最大的收入，但在今天這個時代，在買賣的另一端的人們正以前所未有的速度醒悟過來。

南森·史特勞斯（Nansen Strauss）在被人問及企業成功的祕訣時，談到正是因為他們公正地對待買賣另一方才讓企業取得成功。他說，自己的企業絕對不能與人為敵，不能讓顧客感到不滿意或是侵占顧客的便宜，或是讓他們覺得自己受到了不公平的待遇——從長遠來看，那些能公正地對待買賣另一端的人必將得到最大的收益。

很多賺取大量財富的商人卻在同胞中難有什麼影響力，因為他們一生都在與低俗的人打交道。他們一生都在兜售那些假冒偽劣的產品，這樣的意識已經深入他們的腦髓裡，直到他們的人生標準早已經處於最低的水準，理想已經消失不見，品格已經不可避免被他們所銷售的劣質產品所毒害了。

與上面所說的這些商人形成鮮明對比的是，那些成立超過半個世紀或是更長時間的企業或是實體機構的負責人，他們總是堅持將產品的品質放在首位，與一些不僅有能力，而且更有品格的男男女女打交道。

我們本能地相信品格的作用，讚賞那些能夠有所堅持、專注於真理與誠實的人。這些人可能會與我們持不同的意見，這也沒什麼關係。我們欣賞他們身上所散發出的氣質、

誠實的觀點與不可動搖的原則。

已過世的卡爾·舒米茲是一位性情剛烈的人，得罪了不少人。他經常改變自己的政治主見，但即便是最憎恨他的政敵都知道他有一點是不會改變的。無論是他的朋友或是敵人，黨內還是黨外的人都知道，他堅守於自己的原則，他所持的原則是永遠都不會改變的。如果有必要的話，他寧願自己獨立堅持，即便整個世界都在反對他。他在很多事情上雖然前後矛盾，經常改變自己的黨派與政治觀點，但這也無法改變人們對這位堅持原則之人的愛戴。雖然他因為自己所持的革命原則而被捕，後來從德國的監獄逃出來，逃離了自己的國家，當時他只是一個年輕人。德皇威廉一世對他忠於自身目標與品格的力量深感敬意，邀請他回到德國，並且拜訪了他，為他舉辦了一場大型的晚宴，向他致敬。

誰能估量伊利亞特校長（Charles William Eliot）在提升與豐富國民思想與培養成千上萬的哈佛大學畢業生等方面所做出的貢獻呢？菲利普斯·布魯克斯具有的巨大能量與高尚的品格讓每個受過他影響的人都能提升一個層次。他在引領人們走向更高尚的目標時，總是那麼不遺餘力，讓人為之動容。人們聆聽他的布道演說時，能感受到他品格的勝利，也能看到他所展現出的偉大人格。諸如他們這樣的人能夠增強我們對人類的信念，相信日後的人們具有無限的可能性。我們因為這些人所立下的標準，而為這個國家感到更加自豪。

正是理想決定了我們生活前進的方向。那些為了實現理想而不為五斗米折腰的人讓人敬佩，激勵著我們前進！

解決如何取得成功這一問題的原則是，我們要堅持正義與公正、誠實與正直，正如那些遠離了這個原則的人，肯定無法解決這個問題一樣。

事實上，每個人都能有所作為。他可能賺到一些錢，但這是成功嗎？小偷也能偷到錢，但這是成功嗎？難道憑藉精明的大腦偷竊別人的錢要比靠長手臂扒掉別人的錢包更加誠實嗎？事實上，前者的行為要更加的不誠實，因為受害者被騙後還要被偷 —— 這是雙重犯罪。

我們經常收到這樣的信件：

「我的薪水還不錯，但不知為何，我對此感覺並不良好。我無法平息內心對我所做之事發出這樣的聲音：『這是錯的，這是錯的』」

「那就馬上遠離你現在所處的工作職位吧！」我們總是這樣回復來信者。「不要繼續待在那個有問題的職位上了，無論你能獲得多少報酬。如果你繼續這樣走下去的話，肯定會墮落的。做一件違背你良心的事，會對你的心理品質產生不良的影像，摧殘你的品格。

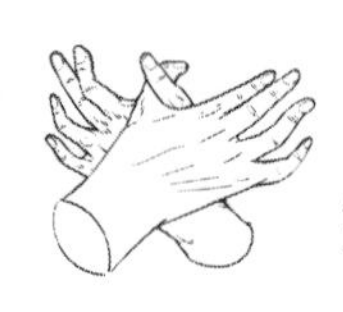

第十章　有所堅持

勇敢地告訴那些想要你在一個有問題的職位上工作的老闆，除非你能在工作中展現自己的烙印，刻下自己正直的品質，否則你是不會做的。告訴他，如果你身上最高級的東西都不能讓你取得成功，那麼最低級的東西更不可能讓你取得成功。你不能出賣身上最重要的東西，不能將你的尊嚴、榮耀低賤地賣給一個不誠實的人或是一個說謊的機構。你應該將自己考慮一下這些問題的行為都視為一種侮辱。

下定決心，絕對不能為了錢而出賣自己。絕對不能將自己的能力、所接受的教育、自尊賣給薪水，去為別人圓謊，去為別人寫些虛假的廣告詞或做一些不正當的事情。

下定決心，無論從事什麼行業，你都要有所堅持，你一定不能僅僅只是一名律師、醫生、商人、職員、農民、議員或是一個只有金錢的人，而要首先成為一個真正意義上的人，這才是最重要的。

第十一章
為什麼不追尋幸福快樂呢？

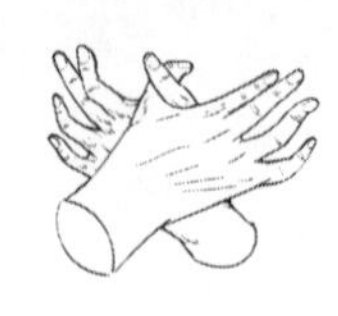

第十一章　為什麼不追尋幸福快樂呢？

在過去幾個月，我們看見不少有錢人無法得到幸福的心酸的例子。我們知道，要是一個人只有錢，卻沒有真正為人的氣概，是很難快樂起來的。大眾對他們事無巨細的研究已經揭露了這些人醜陋的一面。

金融危機剛開始的時候，不少受民眾信任、身負重擔的富人開始自殺，一些富人給自己與家人帶來重大的恥辱；一些人正在遭受折磨，這並不是因為他們做錯了什麼，而是因為他們害怕醜聞會暴露。

幾個月前，這些人依然擁有著讓世人覺得快樂的東西。他們擁有世人孜孜不倦追求的東西 —— 金錢。他們住在富麗堂皇的房子裡，家裡全部是豪華的傢俱及各種奢侈品。而一旦不幸降臨，他們所稱之為「快樂」的東西馬上飛走了，就像是小鳥展翅飛翔了。

這些人之所以有安全感，是因為他們擁有絕大多數人都在努力想要得到的東西。他們覺得自己已經擁有了享受生活的資本，於是，就開始進行一些「安全」的投資，覺得沒有什麼事能動搖他們。但就在眨眼間，他們財富的基礎就倒塌了，名聲消失了，他們不再是之前自認為有錢的人了，相反他們發現自己已經不值一文了，而且他們的「快樂」也隨著名聲消失了。其實，快樂並不是一位來去如此匆匆的「來訪者」。如果這些人真有頭腦的話，任何經濟恐慌都不可能動搖他們，任何火災都不能讓他失去什麼，任何洪水都不能沖走什麼。真正的快樂並不是難以企及或是隨時飛走的超現實的東西，也不是膚淺的東西。快樂其實並不依賴於物質，也不依存於金錢，快樂是品格與個性所本來固有的。快樂源於能夠以正確的方式去面對生活，無論多麼富有，如果以錯誤的方式去面對生活，誰也不可能快樂起來。

很多在經濟恐慌中遭遇困境的人所遇到的問題，就是他們之前一直走在錯誤的道路上。

人要依照誠實與正直 —— 這一神性原則 —— 去生活。當我們以不誠實、欺蒙或是伎倆去做事，扭曲本性時，又怎麼能快樂呢？快樂的本質就是誠實、真誠與信任。那些能夠給同伴傳遞快樂情感的人，一般都是做事誠實、坦率與真誠的人。一旦我們偏離了正確的軌道，那麼快樂就會插上翅膀，離我們遠去。

看到芸芸眾生在不斷追尋著金錢 —— 物質上的東西 —— 想從金錢本身來獲得快樂、愉悅 —— 這是多麼讓人感到可悲啊！能真正明白他們所找尋的東西就在他們心裡，而不在其他任何地方的人是多麼稀少啊！要是他們內心沒有快樂的感覺，而想著到其他地方去努力找尋，這必將是徒勞無功。快樂是一種心靈狀態，快樂是人生的基本原則，那些不懂這個原則的人很難快樂起來。

第十一章　為什麼不追尋幸福快樂呢？

世界上所有的苦難與罪惡，都是因為人類不明白這一條重要原則：要是他們不能讓自身最美好的東西處於一種和諧的狀態，不能與神性的品質融為一體，而是與殘忍的品性結合的話，沒有人能夠真正快樂起來。只想著滿足自身獸欲的人是無法真正快樂起來的，只有心靈中美好的東西才能我們快樂起來。

真正的快樂是用任何低俗與下流的東西都不能賄賂的，任何卑鄙或是不值一文的東西都不能讓我們獲得快樂。因為，快樂與這些東西根本毫無關聯。我們必須要遵循快樂的原則，這就好比是遵循數學的定律，那些能夠正確解答問題的人肯定能找到快樂的答案。

要想解決一個數學問題，得出正確的答案，只有唯一一種途徑——那就是讓自己在解題的過程中遵循數學原理。要是世界上有一半人都認為還有其他方式去獲得快樂的，那是他們的事。只有嚴謹地遵循法則時，才有機會收穫快樂。要是世界上大多數人覺得還有其他方式可以獲取快樂，那也沒關係。事實上，當某些人表現出不滿、躁動或是不快樂等情緒，這說明他們並沒有遵照科學的原理去解答這個問題。

我們都意識到一點，就是在每個人心中還有另外一個自我，這個自我就好比一個神性而安靜的信使一樣伴隨我們終生——這個更高級更美好的自我從我們心靈深處發話，對我們的行為給予肯定。它會對正確的行為表示讚許，譴責所有錯誤的行為。

人們無時無刻不在試圖賄賂這個內心的「信使」，以求獲得它的認可。人們想透過緊張的興奮情緒來讓它沉寂，透過放縱的愉悅將它淹沒，或是用酒精或是藥物麻痺它 —— 但這些做法都是徒勞無益的。處在每個年齡段的人都在無視它所發出的警告，在我們做錯事情的時候，試圖透過各種方法來擺脫內心這種不斷指責的聲音。但任何放縱或是尋求刺激的做法都不能平復內心反對的聲音。無論我們做什麼，內心始終會發出這樣一種毫無偏見、只按照是非曲直觀念的聲音，來判斷我們的對錯。

沒有比人們在找尋快樂方面更加自欺欺人了。其實，只有一種找尋快樂的方式 —— 那就是遵循快樂的法則。我們的本性是建立在真實與正義的基礎上的，我們不能在違背這些自然本性的情況下獲得快樂。只要我們繼續去做一些邪惡的事情，為了金錢不擇手段 —— 透過搶劫別人或是占別人的便宜等方式 —— 只要我們的唯一目標就是賺錢的時候，就永遠也無法感悟到真正的快樂，因為我們正在朝著錯誤的道路前進。我們將不安的念頭引入了本性，助長了與快樂為敵的東西。

對一個人來說，要是他過著自私與唯利是圖的生活，那麼他是不可能真正處於一種和諧的狀態，就好比所有準備演奏的樂器都走音了，還想著能夠演出一首和諧的交響樂。要想過得快樂，我們就必須要與內心的神性處於和諧狀態，與心靈中更為美好的東西處於和諧狀態。除此之外，別無他法。

那種認為我們可以在工作上敷衍，不公正對待別人，或是以錯誤的方式來獲得愉悅，然後定期到教堂尋求上帝的寬恕的觀點——那種認為要是我們做錯了，在不需要改正自身錯誤的前提下，就能自然得到寬恕，也能讓自己擺脫罪惡的念頭，對人類文明造成了極大的傷害。清明的良心、乾淨的生活，消除自私、嫉妒、羨慕與仇恨等念頭，我們才能真正享受高級的樂趣。

很多人遇到的一個問題，是我們將快樂變成了一件非常複雜的事情。但快樂本身確實一點都不複雜，無關任何排場或是外在的東西。大自然讓快樂與複雜的生活水火不容。你無法透過強迫的方式來獲得樂趣——這必須要發自內心的，只能源於有節制的理智生活。

真正的快樂是非常簡單的，但大多數人卻並不理解。他們認為要想得到快樂，就必須要做某些大事，就必須要賺很多錢，或是取得巨大的成就。而事實上，快樂源於世界上最簡單、最安靜與最淳樸的東西。

當下，我們遇到的一大問題，就是覺得我們必須要讓每天都充滿陽光，過著簡單的生活，進行理智的思考，那生活就不再尋常或是缺乏快樂了。要知道，別人給予的小小善意、說的幾句良言、偶爾給我們提供幫助，友善的問候或是鼓勵，忠誠地履行了職責、無私的服務，分享彼此的人生經驗，擁有別人的友情、愛與情感 —— 所有這些都是非常簡單的事情，但快樂就是由這些簡單的東西構成的。

在很多裝飾豪華的休養院裡，都有世界上最壯觀的噴泉，這裡住著很多富人，這是因為醫生讓他們遠離一下之前的複雜生活，享受一下簡單的生活。他們想要努力得到樂趣，但最後卻只能感到悲傷。

不久前，我在一位富人家就餐。上菜的時間竟然花了兩個半小時。桌上總共有三十道菜，都是用最優質的食材做成的，而且很多菜式都是完全不一樣的。除此之外，還有七種不同口味的酒！想像一下，要是一個人每天吃著這樣的菜式，他能過上健康與快樂的生活嗎？

這些富人們又能享受到什麼呢？在他們漫無目的地找尋覺得神祕莫測的「快樂」的過程中，還有什麼比這更讓人感到乏味、無聊與難以滿足的嗎？快樂就像「鬼火」一樣時刻召喚著他們，但卻始終無法被他們所抓住。快樂就像是彩虹，當他們靠近的時候，總是覺得依然在天邊。他們可能享

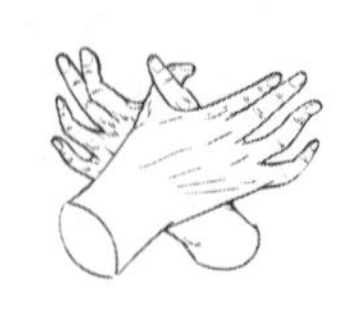

受那一刻神經緊張的快感，享受放縱後那臨時帶來的興奮與激情，但這又有什麼意義呢？這只不過是獸性的樂趣，只能給我們帶來遺憾、失望與反感。

每個正常人心中都有一股要成就一番事業或是想要出人頭地的心願。每個懶惰者都知道自己正在違背自身本性的原則，正在自欺欺人，讓是自己失去生命中這一神聖的獎賞——因為獲得這個獎賞要比世界上其他東西都更為重要。我與不少不用工作的富二代聊過天，他們也說，自己不工作是不對的，他們不去努力拚搏或是為造物主賜予他們的獎賞而奮鬥也是不對的，所以，他們不需要去工作也可以活得很好的財富剝奪了他們的鬥志，摧毀了他們的上進心。

最近，有人問一位富人為什麼不工作的話題，富人回答說：「我沒必要啊！」正是這種「我沒必要啊」的生活摧毀了很多年輕人的人生。事實上，大自然不會為任何懶惰者提供任何東西的。只有滿懷精力地工作，這才是生命的法則。只有工作才能讓人擁有尊嚴，讓人免於墮落。為了自己最高的夢想不斷奮鬥，這是每個正常人都應有的心態。那些試圖逃避責任的人必然要為此付出身體機能倒退、效率低下等代價。不要再自欺欺人了，只有在你感覺自己有用的時候，你才能真正快樂起來。快樂與感覺自身具有價值是密不可分的。要想將兩者人為的割裂，這會產生致命的後果。

要是一個人習慣性地處於懶惰狀態，那麼他是不可能感到快樂的，正如一個精密計時器，要是長久都沒有轉動了，肯定會走得不準。最高級的快樂就是感覺到自己處在適合的位置上，盡心盡力地工作，透過自身的努力實現人生的重要目標。不斷為實現夢想而奮鬥，就好比時鐘不斷地轉動來報時一樣。要是沒有行動，夢想與時鐘都沒有任何意義。

沒有比覺得自己正在做一件有價值的事情更能帶給我們無限的動力了；沒有比我們在日常生活裡做到最好更讓我們感到快樂了；沒有比我們將自身的卓越特質、誠實的商標烙在我們所做的事情上，更能帶給我們滿足感了。

人活著是要做事情的，人生中沒有什麼能取代成就的地位。要是不能取得一些具有價值的成就，那麼真正的快樂是不可想像的。這個世界上最大的一個滿足，就是感覺到自己不斷得到拓展，不斷成長，身心內外都得到了進步。任何樂趣都無法超越那種意識到自己無知的地平線不斷被推遠 —— 自己不斷地進步 —— 不僅是走好眼前的路，而且還不斷往前走的想法 —— 所帶來的樂趣。

快樂是不可能與停滯狀態相容的。一個人必須要感覺到自己的能力不斷得到提升，朝著一個高尚的目標前進，否則就會失去生活的樂趣。

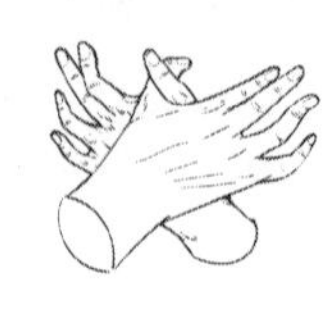

第十一章　為什麼不追尋幸福快樂呢？

很多富人家出現的紛爭、爭吵或是離婚，或是購買很多毫無用處的東西，覺得這樣就是追尋快樂。事實證明，這樣並不能讓他們擁有快樂。快樂並不與那些擁有低俗、自私理想的人為伍，也不與那些遊手好閒與只會製造矛盾的人在一起。快樂是和諧、真理與美感的朋友，也是友愛與簡樸的諍友。

很多人都賺了不少錢，但他們卻在這個過程中扼殺了自己享受樂趣的能力。我們經常可以聽到有人這樣說：「錢，他是賺了不少，但無福消受啊！」

人生最大的錯覺，就是覺得應將人生的青春年華用於賺取金錢，忽略家庭，犧牲友情，不管自己是否得到提升，拋棄了其他有價值的事情，一切都向錢看，最後就能找到快樂與幸福的想法了。

要是一個人想讓自己的能力與機會都變成金錢的話，那麼過了幾年，即便他賺了不少錢，卻忽視了培養感受最高級的快樂的能力。到那時，他再也無法讓早已枯萎的腦細胞恢復之前的感知能力了。在賺到錢後，他感知快樂的功能必須要像賺錢的功能那樣得到鍛鍊。人不能在自己退休下來的時候，發現自己的一生除了賺錢的能力以外，其他能力都消失了。

如果你無法讓欣賞真善美的能力保持活力，就會驚訝地發現，自己就像中年的達爾文發現自己已經失去了對莎士比亞與音樂的鑑賞能力了。

我們應該要好好地生活，即便是在賺大錢的時候，每天都要騰出幾個小時用於愉悅心智。那種認為我們大部分時間都應該像奴隸那樣工作的觀點，認為我們只能偶爾享受一下假日的休閒時光的想法，是完全錯誤的。每一天都應該過得像假期一樣，讓自己感到樂趣與愉悅，讓自己滿懷無限的樂趣。要是我們過著理智的生活，知道正確的思維與正常的生活間所具有的意義，那我們肯定能做到。

為什麼只有那麼少人認為快樂是每天的責任呢？這真是讓人感到奇怪。為什麼那麼多人總是強調應該將全部精力投入到工作中去，只想著如何去賺錢，覺得之後的生活該怎麼過就怎麼過，或是不需要任何的計畫呢？我們要強調生活的意義，而不要過分強調生活只是為了謀生的意義，因為前者比後者重要千百倍。

真正能在人生旅途中學會從小事情上享受樂趣藝術的人太少了。但正是我們在日常生活裡的那些小小的樂趣與滿足，才構成了人生最重要的部分。我所認識的很多人都是活在期望中，而不是活在現實裡。當一個人總是在盼望著未來的什麼時，其實他並不是在真實地生活，因為他一心想著能

夠得到什麼。只能說這樣的人只是剛剛準備好去面對生活，準備好去享受生活而已。當他稍微賺到一些錢，有了更好的房子或是更為舒適的生活，更多自由度的時候，那時候，他才真正準備好了去享受生活。

要找到一個人發自內心這樣說：「我正在真實地生活，這就是我一直想要為之努力的生活，這是我長久以來夢寐以求的生活，這是我在這個世界上所能想像的最為接近我理想的生活狀態了。」，真是很不容易！

培養獲得快樂的藝術，從日常的生活裡獲得樂趣，這是一件非常美好的事情。養成快樂的習慣與我們的工作習慣、誠實與公平交易的習慣一樣，都是我們生活中所必需的。

要是一個人不能處於完全正常的狀態下，是不可能做到最好的，也不可能取得最大的成就。快樂就是我們存在最基本的因素。快樂本身就意味著健康、理智與和諧。出現與快樂相反的東西，那就是疾病與不正常的症狀。在人類的生活裡，有很多的例子可證明我們的存在是要找尋快樂的，因為快樂就是我們正常的狀態。苦楚、鬱悶與不滿的情緒其實根本不屬於我們本性的內涵。

毋庸置疑，人生的本意就是要變成一首甜美而又宏大的歌曲。我們的成長建立在和諧的基礎上，任何一種不和諧的狀態都是不正常的。當我們與難以言喻的和諧或是美感連繫在一起時，沒有理由會感覺到不快樂或是不滿。

對自私的富人來說，最難以理解的一個謎團，就是在他們原本覺得可以找到快樂的地方卻找不到快樂。對有錢人來說，最為苦澀的失望，莫過於財富並不能帶來想像中的快樂，或是與快樂類似的東西。他們發現情感的存在並不是依賴物質的，即便身處在最富有的環境裡，心靈依然會處於一種飢餓的狀態。他們發現，雖然金錢可以購買很多東西，卻無法滿足內心的渴望，也無法滿足內心的飢渴。在我們的國家，不知有多少女人生活在富麗堂皇的豪宅，卻感受不到一絲的幸福，要是讓她們得到一個好男人的真愛作為條件，她們一定會高興地放棄現在的所有，即便這個男人身無分文。

任何自私的人生都難以快樂。我認識一位白手起家的富人，他告訴我他人生中最難以理解的謎團或者說是失望的東西，就是雖然他已經是百萬富翁了，但並不快樂。他說，不知為什麼，他現在幾乎交不到一個朋友了，也很難獲得別人的信任，也不受鄰居的歡迎。他無法理解為什麼自己會感覺到不快樂，因為他告訴我說，他已經為快樂艱苦奮鬥很多年了。

他所面臨的問題，就是無論做任何事，總是先想到自己。他也不是自私，但他人生的主要激情都投入到賺錢上去了，因為他覺得金錢能夠買到他想要的任何東西。他選擇朋

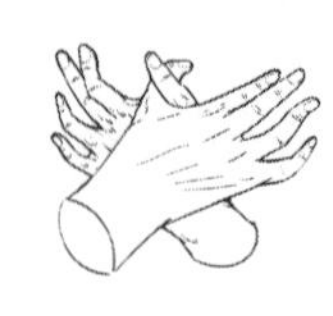

友，是根據這些朋友能否幫助自己實現利益，並且想到這些朋友在什麼時候能幫到自己。「那樣做有什麼好處呢？」這似乎是他一生以來一直都在問自己的。

現在我們知道了，快樂是一種反思，一種迴蕩，也是我們所做所想的反映。快樂的存在並不依賴於我們所擁有的物質財富。梭羅住在瓦爾登湖畔的小木屋裡，每年只花費三十一美元，但梭羅是富有與快樂的，因為他擁有豐盈的心靈。

懷抱著自私、貪婪欲念的人，心中只想著自身利益，是不可能會有快樂心境的，這就好比要薊草的種子長成小麥一樣。但如果播下互助、友善與無私的種子，我們就能收穫滿足、和諧與快樂的果實。自私與真正的快樂似乎不相容，它們兩者是互為天敵的。

一個脫離理智的目標，一個想要將別人踩在腳下的念頭，一個為了保持個人形象而不顧一切，不論我們能否承受得起的衝動，就像具有強烈腐蝕性的酸性物質吞噬我們可能得到的樂趣，摧毀快樂的本源。想在賺錢方面比別人更進一步的狂熱念頭，想要比別人的社會地位更高一些，讓我們慢慢發展了一種變態貪婪的品性，而這種品性正是快樂的天敵。在貪念存在的地方，是不可能有知足、滿足感、安靜、感情或是其他快樂家族成員的存在。

對一個不誠實，一心想著透過摧毀別人來賺取財富，占別人便宜的人來說，是不可能感到快樂的，正如一個人穿著鞋子走過鵝卵石，卻時刻對衣服上的別針刺痛自己感到惱怒。

當一個人意識到自己是個寄生蟲，逃避這個世界屬於自己該做的工作，知道自己占據著世界上很多美好的東西，只會索取而不知道回報，他是不可能感到快樂的。

遠離正確思想與適宜的生活原則的放蕩心靈是不可能真正感受到快樂的。

要想獲取具有真正價值的快樂，唯一的途徑就是過著坦率、真誠、純真與有用的生活。除此之外，宇宙中沒有其他任何力量可以讓我們感受到快樂了。

坦率、誠實的工作，將事情做到最好的決心，到處傳播花朵種子而不是荊棘的真誠願望，讓別人過得更好一些的念頭，為我們的存在而感到快樂，這些都是獲取真正快樂的祕方。

要是一個人鄙視自己的工作，意識到自己的動機或是行為上出現了錯誤，他是不可能感到快樂的。要是一個人心中懷著報復、嫉妒、羨慕或是仇恨的思想，他是絕不可能獲得快樂的。人必須要有一顆清明的心靈，純淨的良心才能感知到快樂，否則多少金錢或是放縱的興奮都不能讓你感受到快樂。

第十二章
創造力

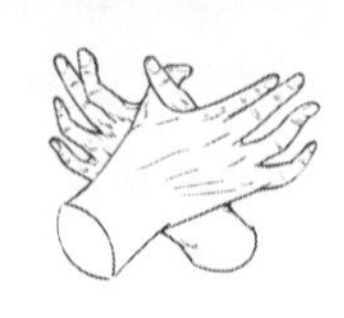

第十二章　創造力

迄今為止，還沒有人在想努力成為別人的過程中取得成功，即便那個人有成功的潛質。成功是不能複製的——也無法成功地加以模仿。只有遵循自身的創造力——個人的創造力才是正道。人們失敗的程度與他們偏離自己的程度及想要成為別人的願望強烈程度成正比。真正的力量只能源於自身，而不是其他什麼地方。做回你自己吧！聆聽內心的聲音。無論你從事什麼職業，從事哪方面的工作，只要你做回自己，總會有不斷提升的空間。這個世界需要的，是那些能以創新與更好方法去做事的人。你千萬不要覺得，因為自己的計畫或是想法之前沒人嘗試過，或因為你覺得自己太年輕與缺乏經驗，自己就得不到別人聆聽的機會。那些擁有任何具有創造性與富於價值的東西貢獻給這個世界的人，肯定會得到聆聽的機會，也肯定會得到別人的追隨。擁有強烈個性、勇敢認可自身思想並創新工作方法的人，是不會羞於表達自己的，也不會成為別人的複製品，這樣的人很快就能得到世人的認可。如果你的創造力與獨特的做事方法是高效率的話，沒有比這更快讓你得到老闆或是全世界認可的了。

勇於開闢自己的道路，走自己的路，否則你很難給世人留下深刻的印象，只有讓人驚嘆的創造力才能真正吸引別人的注意力。這個世界讚嘆那些有勇氣從芸芸眾生中抬起頭顱，勇於走在時代前列展示自身實力的人，現在要比以往任何時代都更加看重創造力的價值。這個世界會為那些真正有想法的人讓路，只有那些思想者，那些擁有獨創思想與與時俱進工作方法的人，才能真正時代發展的推動者。這樣的人才無論到哪裡都是受歡迎的。與此同時，我們並不缺少那些像機器一樣只會按部就班的人。

這個世界到處都是追隨者、依靠別人的人或是尾隨者，這些人總是想著走過去的老路，想用過去的思想去指導現在的發展。但是，我們真正需要的是那些擁有創造力的人，那些勇敢不走尋常路、另闢蹊徑的人。醫生勇於擺脫之前的慣例，大膽創新醫學診治方法，律師以全新的方式來處理案子，老師在課堂上以新穎的教學方式去給學生們講課，牧師鼓起勇氣傳播上帝傳遞給他的資訊，而不是某些人之前寫在書上的內容。這個世界需要的是那些根據生活感悟去布道的牧師，而不是從圖書館摘抄一些回來演講。

很多人都忠誠地按照別人給他們的指示去做，按照別人事先制定好的程式，然後慢慢地執行。在一千人中，九百九十九人都是願意追隨別人的，而只有一個人是有引領才能的。要想找一位擁有主動性並將自身的創造力付諸實現的年輕人，真是太難了。

無論你從事什麼職業，都不要追隨別人，不要試圖去複製別人的模式，不要按照之前人們已做過的方式去做，而要

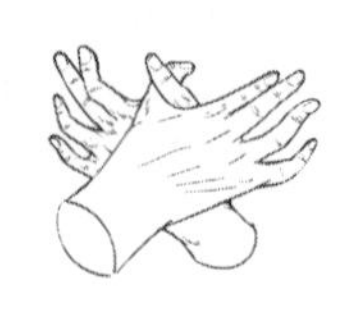

第十二章　創造力

以全新、富於創造力的方式去做。展現自身的創造力，讓別人在你身上看不到前輩們的影子，那麼你將能夠成功地完成任務。下定決心，無論你在這個世界上取得怎樣的成就，都要展現自己的創造力 —— 記住，是你自己的創造力。不要害怕展現自己的創造力。創造力是一種力量，具有強大的生命力，而複製別人則只有死路一條。不要害怕展現自己的真實水準。你只有透過發揮自身的創造力，不斷引領別人才能成長，而不是透過複製或是追隨別人來獲得進步。下定決心，自己要成為一個具有思想的人，不斷尋求自身的突破。要為實現某個目標去發揮創造力，這個世界始終有富於創造力之人的一席之地。

沒有比凡事都遵循前例與使用一成不變的陳舊方法更扼殺我們的創造力與摧殘成長了。我認識不少原先具有上進心的年輕人都已經停止成長了，絕望地陷入了成規之中，失去了所有前進的動力，回到他們父親的商店、工廠或是企業上班，所有的工作都是以過去古老的方法在做，而且所有事情都要遵循慣例。慢慢地，這些年輕人失去了成長的空間。他們失去了創新與前進的動力，因為他們的父親根本不願意做出改變。我看到過不少具有天賦的年輕人，原本有機會成為更加偉大的人，卻在他們父親的墨守成規的影響下逐漸成為「侏儒」。

這個國家不知有多少企業依然使用著傳統、老舊的工作方法，繁瑣的記帳方式，過時的工具都屢見不鮮。要是使用全新、更加快捷的方式，這將大大節省他們的成本，也可以節約空間，更不需要這麼多的人力成本，但這些人依然抱著原先老舊的方法不放。

這就是為什麼很多成立了很久的企業，雖然在過去幾代人的印象中做得非常棒，但還是慢慢地衰退，陷入了成規，最後以失敗告終。而這些企業全新的競爭者，從這些企業出走的更加聰明的年輕人則能以全新的方法去經營，採用最近的設備與管理手段，與時俱進，最後取得更大的成功。

創新或是獨特的做事方法具有很強的廣告效應。那些追隨大眾經營方法的人，即便他擁有很強的個人能力，也是無法吸引他人太多的目光。但如果能走自己的路，勇於採用創新或是進步的方法，將自己的專長發揮出來，就肯定會吸引別人的目光，任何與他打交道的人都會幫忙宣傳他。

在波士頓有一間很特別的商店，這間商店的老闆非常具有上進心，在經營的每個方面都做出相應的改善。比如，找給顧客的零錢全部都是新錢，直接從美國財政部或是鑄幣廠那裡兌換的。這並沒有花費他多少錢，也不過是稍微麻煩了一點，但這卻是非常高明的廣告宣傳手段。對女性顧客與小朋友來說，這特別具有吸引力，給商店帶來了很多商機。因

為這樣做能讓顧客將手中的舊錢變成新錢，讓他們拿到全新的紙幣或是硬幣時，內心感到愉悅。這不過商店使用的眾多獨特方法中的一點而已。

人們會自然湧入那些與時俱進的商店購買東西，因為他們知道這裡有最新的款式，各類最新的產品，最符合品味的展銷模式與最適合他們的商品都在這裡。大家都知道，這樣的大商場支付給員工最多的薪水，也是最受到顧客青睞的。

紐約有一間飯店並不需要什麼宣傳。很多人都是充滿好奇進來參觀的，很多人都喜歡談論這裡。在其他條件相等的情況下，顧客們會選擇光顧這裡。如果他們沒錢在這裡住一晚，他們也願意在這裡用餐，看看時裝表演，見一下那些名人。這間飯店所做的免費廣告也許是一流的，要是他們真的要做廣告的話，那麼廣告費起碼要超過飯店本身價值的一半。

在其他領域也是如此。最具創造力與與時俱進的企業必然會引進最新的設備與管理制度，以最具創意的方法去激勵員工。但是，不要誤解一點，就是認為只要你以新的方法去做，就一定能取得成功，只有真正具有效率的創造力才是有用的。很多人每天都在追尋著全新的想法、全新的做事方式，卻總是無法取得什麼成就，因為他們的想法沒有效率，也不符合實際。我認識一個人，他總是採購最新的設備，然後就不管了。但他在選擇真正有效的設備上缺乏正確的判斷力，也沒有管理方面的才能。

一個年輕人所做的最精明的事情——先不說這對他個人品格的影響——就是無論做什麼事，都全身心地投入進去，做到最好，下決心從一開始，就讓任何經過自己雙手的東西都烙上卓越的商標，讓你所做的工作都有你個人品格的痕跡，代表你個人的最高的水準。如果他真能做到這點的話，就不需要大筆的資金來開始人生的創業計畫，也不需要為打廣告花費大筆錢。他的最大資源就是自己。創造力是廣告最好的替代品，如果產品的品質過關的話，這就是廣告宣傳最核心的內容。一些人非常害怕採取新的做事方法，無論做什麼事都要追隨別人。「我父親與爺爺所用的方法，對我也肯定適用。」這句話似乎是他們的座右銘。他們看不到要做出改變的理由，他們所做的事情之前必須要有人做過，否則他們會斷然拒絕。他們不喜歡採用新的觀點或是全新的做事方法，他們覺得，要是一些方法之前沒有試過，那肯定是存在什麼問題。他們特別喜歡過去的做事方法，那種散發出古董味道的東西總能得到他們的賞識，他們喜歡那種在歲月中慢慢沉澱的「價值」。這些墨守成規的人阻擋著進步的道路，每個城鎮都有這樣喜歡「成規」的人，他們用古老傳統的方式經營著同樣古老的商店，商店的櫥窗散發出歷史的味道，商

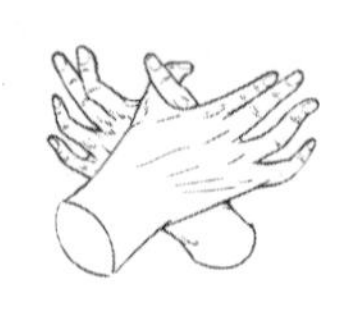

品的展示也彌漫著古老的氣息，帳本的計算也還是使用算盤之類的工具。簡而言之，他們不喜歡進步的東西，新的思想讓他們感到恐懼。這些人在任何新鮮事物面前或是需要什麼創新東西的時候，都顯得那麼不知所措或是面帶尷尬。他們必須要牢牢抓住過去的一切東西，否則會感覺自己毫無力氣。

很多人認為自己的個性與別人不相適應是一件很不幸的事，他們總是害怕被別人當成異類或是古怪的人物。但造物主從未讓任何兩件事物完全相同，也沒有兩個相貌完全一致的人。大自然在誕生新事物的事情，必然會打破原先一致的模型。擁有偉大人格的人一般都擁有強大的個性與創造力，從芸芸眾生中脫穎而出。被人當成異類這不是軟弱的表現，在更多的情況下，這是一種力量的表現。林肯有很多怪癖，但這是對他偉大的品格來說是不可分割的。不會讓人反感或是排斥的癖好，對我們來說通常都是一種優勢，而不是劣勢。

還有比沒有絲毫個性特點的人，總是擺著一副沉悶、毫無生氣樣子的人更讓人覺得單調無聊的嗎？我們都喜歡那些樂天的人，喜歡擁有堅強個性、充滿活力，給我們帶來深刻印象的人 —— 這些人就像懸在我們眼前的巨人，讓我們感到敬畏與尊敬，激勵我們前進。正如當我們身處高山頂端，看見雲層在腳下的那種「一覽眾山小」的感覺。我們並不希望那些嶙峋的懸崖變得平順，它們的存在反而增添了山峰的莊嚴，它們的存在暗示著威嚴與力量。為什麼我們要想著削平一個具有偉大品格之人中那些癖好，或是讓他們更具個性或是脫穎而出的特質消失呢？

我們相信那些在見到他們時不會想起其他人、給我們留下深刻印象的具有創造力的男女。這些人從不追隨別人，總是根據自己的判斷去做事，不依賴別人，也不會只顧著詢問別人的建議，而是無所畏懼、大膽與獨立去做。我們知道這樣的行為有一種力量 —— 一種讓我們獲得成就的力量 —— 正是這種儲存的力量讓我們成為人生的主人。勇敢無畏這一特質對取得偉大成就絕對是必備的，勇氣也是一種必不可少的力量。這是具有創造力的人所必備的素養，模仿者總是顯得那麼羞澀與軟弱。

不要害怕發揮自己的創造力。做一個獨立自主、具有全新思想的人，而不只是世界上一個多餘的人。不要試圖去複製你爺爺、父親或是鄰居的做法。這樣做的愚蠢程度，就好比紫羅蘭想要成為玫瑰，或是雛菊想要模仿向日葵的樣子。大自然賜予我們每個人不同的個性都是有其目的的，每個人天生都具有以某種獨創性去做某事的能力。如果試圖去複製別人的做法或是去做別人的事，就必然出現差錯，顯得不搭調，最後也免不了失敗。

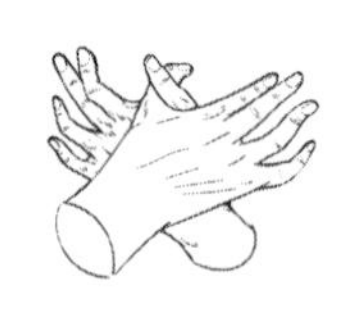

第十二章　創造力

也不要去模仿自己的英雄。很多年輕牧師一心想著去模仿前輩比徹，以提高自己的名聲。他們模仿他的聲音與談話方式，模仿他的手勢與習慣，但卻始終無法得到這位前輩的神髓，就如彩色石印板上的畫面無法與真正的傑作相比。現在，這些喜歡模仿的人又去哪裡了？沒有一個人能做出什麼大的成就。這個世界不喜歡模仿者，不喜歡那些拿別人的標籤貼在自己身上、依賴或是模仿別人的人。這樣的人始終被劃分為弱者，一個缺乏力量與個性的人。

我們經常聽到很多人談論一間大企業只由一個人做決定的危險之處。他們說企業應該由許多人組成委員會或是成立董事會來做集體的決定，這樣權力就不會集中於某個人的手中。但無論在什麼委員會或是董事會上，都會有那個具有創造力與占據主導品格的人，這些人的地位總是在別人之上，做出最終的決定。無論何時，我們都無法擺脫那些具有原創力、強大力量品格的人所產生的影響。

做回你自己！當你意識到自己根本不是別人 —— 自己根本沒有必要成為別人的複製品時 —— 這種觀念本身就是一種力量。這種觀念能增強你的自信，享有富於創造力的名聲能讓你在任何地方都受到歡迎。這會讓別人在與你交談後，這樣談論你：「今天我遇到了一位具有獨特思想的人，他讓我想不到之前的任何人。」與一個不會讓你想起其他人的人交談是一件讓人愉悅的事情，這樣的人不會使用術語，不會墨守成規，而是走自己的路，不需要別人幫忙，也不需要別人依靠的肩膀——這樣一個富於力量的人，無論到哪裡，都能散發出力量。

為什麼你要想著成為別人呢？做好你自己，展現你自身的創造力與力量，這是你所能做到最好的事情了。即便你努力的話，你也不可能成為別人。這樣做只會讓你顯得不自然與荒唐，讓你失去釋放自身潛能的機會，讓你無法表現自己的本真。當你越遠離自己的本性，就會在模仿別人的努力上顯得愈加荒唐可笑。真正的力量源於我們本身的個性。

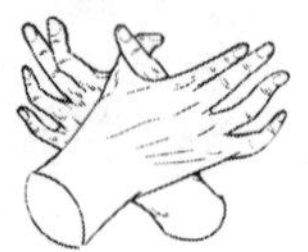

第十二章　創造力

第十三章
有過錢，但都失去了

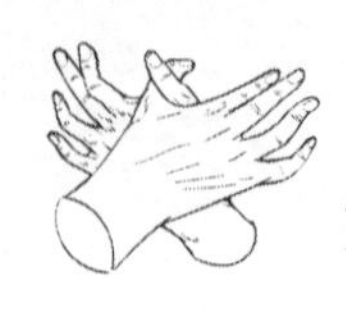

第十三章　有過錢，但都失去了

紐約一位非常有經驗的著名律師曾說，在他看來，那些賺了錢或是透過繼承得到金錢的人，百分之九十九遲早都會失去這些錢。

在這片充滿機遇、擁有無限資源與無限潛力的土地上，原本每個人都可以成為「國王」的，可以像上帝高尚的子民那樣生活。而事實上，我們卻像歐洲的農民那樣過活，這真是一個奇觀啊！歸根究柢，這些人從未學會在商言商。

在這個國家裡，成千上萬心地善良、誠實的年輕男女非常勤奮地工作，犧牲了舒適與奢侈的東西，只為能夠為未來積攢一些金錢。但當他們人到中年，卻發現自己根本沒有什麼積蓄，也沒有什麼東西可以展示。事實上，很多人到頭來依然沒有自己安家的房子，買房的可能性微乎其微，也沒有什麼財產或是金錢的儲蓄，無法抵禦疾病來襲時的開銷，沒有能力抵抗一些不可避免的緊急情況，也未能為年老的自己有所準備。

讓人難以置信的是，一個身強體壯、認真與充滿鬥志的年輕人，為了擺脫貧窮不斷努力，每賺一分錢都要耗費巨大精力，最終卻讓自己的金錢在最愚蠢的投資裡溜走，根本來不及去研究。他們經常將金錢送給那些千里之外、從未見過一面的人，也根本一點都不了解的人，只是因為他們在廣告上看到了能賺大錢的誘惑，或是受到一些油嘴滑舌與毫無原則的推銷者的蠱惑。

在這個國家裡，很多人累積起來的財富都是建立在多數人對商務邏輯無知的基礎上。那些精明的商人利用這點，很容易誘惑那些不懂得如何保護自己財產的人，這些人就是靠眾多的無知者而發財的。他們知道一則耗盡心思的廣告、精心排版的公告或是迷惑人心的宣傳詞肯定能讓那些毫無猜疑心的辛勤勞動者從他們的保險箱裡拿出辛辛苦苦賺來的錢。

為了你的房子，為了保護你辛辛苦苦賺來的金錢，為了你心智的平和，為了你的自尊，為了你的自信，無論你從事什麼職業，都不要忽視良好、扎實的商業培訓的重要性，並且要儘早就接受這樣的教育。這將讓你免於多次跌倒，讓你免於身處尷尬的情形，也許還能讓你免於懷著羞辱的心情，面對妻子與孩子，不得不承認自己是一個失敗者的尷尬。這樣的培訓能讓你免於從原先舒適的房子搬到茅茨之屋的苦楚心情，不會感覺到財產從你的指尖溜走時的心痛，也不會讓你不得不承認自己的軟弱、缺乏遠見與細心的想法，還有，這樣的培訓還能讓你不會成為那些奸商的受害者。

很多人之前都有屬於自己的商店，現在都只能繼續幫別人工作，到別人的商店做巡視員或是部門主管。出現這樣的結果，都是因為他們在一些投機活動中失去了一切。因為現在有人需要他們去養活，所以，他們再也不敢像年輕時那樣

冒險重新再來了，只能在一個平庸的位置上打滾，被自己一直無法實現的理想所嘲笑。

不知有多少發明家與探索家年復一年地與貧窮與匱乏戰鬥，最終發明了一些讓人類從負累與艱苦環境中解放出來的工具，但是這些發明家們勝利的果實卻被其他人所搶走了，最終落得個身無分文，只是因為他們不知道如何去保護自己的權益。

成千上萬的人之前過著舒適的生活，現在卻生活在貧窮與悲苦之中，因為他們不明白協議上字眼的含義，也不懂如何在商言商。很多家庭都因為這樣而變得一無所有，失去了房子，失去了家，因為他們相信某個親戚或是朋友去幫他們做「正確的事情」，同時沒有簽署一份具有法律效應與實用的協議。

人性是否誠實，這點其實並不重要。很多人都會忘記，這就是紛爭會時常產生的原因，要是重要的協議只是停留在口頭上，這是絕對不安全的。將協議寫下來，這樣做只是花費彼此一些時間與金錢而已。當各方利益體都同意協議後，那麼最好就將協定全部寫好，進行簽訂。這樣做時常能夠避免官司、爭論的苦楚或是彼此的疏遠。不知有多少的友情就是因為他們沒有簽訂協定而造成破碎！今天很多法庭上打的官司都是因為這個原因而出現的，律師從中賺取了不少錢。

很多人都持著一個愚蠢的觀點，那就是認為別人，特別當這些人是他們的朋友或是親戚的時候，覺得這些人會在提出決議或是合約，抑或書面合約的理解上，是相當誠實的，覺得他們會關注自己的利益。這並不是一個是否信任的問題，這是一個事關生意的問題，而做生意就該以做生意的方式去做。因為萬一出現了死亡或是其他難以預測的事件時，協議的所有複雜的歧義或是存在的誤解都會被消除掉。你認為那些會關注你利益的人最終反而會感謝你反覆斟酌協議的做法，因為這才是坦率的經商方法，你的細心會讓彼此避免出現誤解。

很多接受過教育的女生因為父親的經商失敗或是死亡，突然間全部都要依靠自己，但她們卻發現自己根本無力去處理好這些事情，也很難賺錢糊口。很多女人在丈夫突然去世後，都還要承擔很多商業責任，但她們卻完全無力承擔，她們就任由那些處心積慮的律師或是奸詐的商人宰割。在這些人看來，在處理重要事情上，她們就像是可以隨意操控的玩偶。

擁有商業天賦的人與擁有數學天賦的人一樣，都是極為罕見。我們發現很多男女從學校畢業後，滿肚子經綸，但對各類知識的了解都只知道一些皮毛，卻沒有學到保護自己免受那些想要不勞而獲之人偷竊的能力。無論男生、女生，特別對那些高等學府而言，要是他們沒有充分接受實際的商業操作方法的話，就不能允許他們畢業。很多父母讓子女踏入社會的時候，沒有讓他們學習一些常用的商業原則，這對子女來說會造成難以估量的損失。

我認識一位年輕女士，該女士向我吹噓她對事關金錢的東西一概不懂，也不想去了解。她說自己對一美元所具有的價值根本沒有概念，她總是有多少錢就花多少錢，覺得討論節約金錢是一件很沒有意思的事。很多這樣的女性不願意接受有關金錢的常識，她們覺得自己沒有必要從純粹的商業角度去了解金錢，因為她們認為這些事情都是屬於她們的父親、哥哥或是丈夫去做的。

一個值得很多女性朋友警醒的一個例子，是我最近發現的一位正是抱著這樣心態，對金融知識一無所知的女性所遭遇的悲慘經歷。因為對商業知識缺乏了解，她失去了所有財產。她告訴我她對所謂的商業根本一無所知，也不曾知道金錢的價值。丈夫死後留給她一大筆財產。她習慣性地簽署了很多律師或是經紀人遞過來的文件，基本上都是看都不看。那些負責管理她財產的人知道她對商業知識一無所知，就占她的便宜，合夥將她的財產騙走，她現在也無法透過法律途徑來將財產要回來。

很多女性在完成所謂的學業後，走進這個社會，甚至依然不會開一張正確的票據，更別說什麼期票、匯票或是帳單等東西了，也對商業合約的重要性毫無概念。一位女性甚至還會拿著一張支票去銀行找櫃檯人員取錢，對方將支票遞回給她，要她簽字認可。這位女性在支票背面這樣寫道：「我與這間銀行已經打了多年交道了，我相信一切都沒問題的。詹姆斯 · B · 布朗女士。」

紐約一位在社會上打拚過多年的女性拿著一張兌現支票到銀行取錢，櫃檯人員對她說這張支票還沒有簽字。「哦，支票還要簽字的嗎？」這個女人反問，「銀行的事務就是繁瑣！」

我認識一位女士，她的丈夫在一間銀行為她開了一個帳戶，給她一個存摺，讓她每次需要錢的時候自己去領，沒必要每次都跟他拿。一天，她收到銀行的通知，說她帳戶裡錢已經領完了。她來到銀行，對櫃檯人員說這肯定是出錯了，因為她的支票本上還有很多張支票沒有用完呢。她對商業方法知之甚少，認為只有當支票本用完的時候，錢才會被全部領完。

這聽起來讓人感到荒謬甚至是覺得不可思議，但是很多嘲笑這位女性做法的女生可能犯過比這還要荒唐的錯誤呢。很多在其他方面有所成就的女性在律師或是精明的商人要求她們簽字的時候，看都不看內容就簽字，也不要求告知合約裡面的內容，到後來才知道這樣給她帶來災難性的後果，

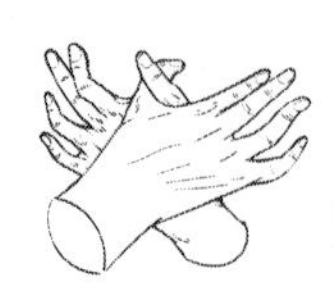

第十三章　有過錢，但都失去了

她的簽字讓她失去了財產、失去了房子。不久前，我看報紙知道一位女性打贏了一場涉及二十萬美元金額的官司，但因為出現了全新的證據，法院立即改變了原先的判決。事實證明，這位女性做了虛假的宣誓，她其實很無辜，但她發誓自己從未簽署過某些文件。結果，這份文件被呈上法庭。讓她大吃一驚的是，文件上有她的簽名。她馬上意識到了這真的是自己的簽名，雖然她曾發誓從未簽署過這樣的文件。在她丈夫還在世的時候，無論有什麼文件需要簽字，他丈夫總是告訴她在哪裡簽字，她就照著丈夫的話去做，根本沒有看文件上的內容。

很多人都為之前給律師或是經紀人太多的權力而感到後悔。很多對此不懂的人，特別是女性，她們根本不知道法定代理人的含義，她們授權法定代理人有權利去處理她們的財產，擁有她在這些方面的所有權力，或是讓法定代理人暫時擁有她們的一切權利。這些法定代理人可能以你的名義簽署任何協議，隨意地處置你的財產，甚至可以從你銀行帳戶裡隨意領錢，可以在任何商業交易裡代表你。簡而言之，在所有事關商業方面的事情，他都有權在法律層面上代表你。將如此重要的權利交給別人，任何人都應該在選擇法定代理人時極為小心。這種權利不能輕易授予他人，只能選擇那些絕對忠誠、經受考驗的專業人士。

「哦，我簽署了一份文件，將我的法定代理權利授予了一位律師，當時我完全信任他，然後我就出國了。當我回來的時候，我發現所有的財產都不見了。我的商業事務非常複雜，我根本沒有錢去與那位我曾信任的律師打官司。這是一位遭受金錢損失的商人跟我說的故事。

女人們在支付大筆款項的時候，幾乎從不要求別人出示票據，特別是當她們在與朋友或是所認識的人做交易的時候。但是，即便是富於智慧的女性都應該好好學習一下我們的政府是如何做事的。政府並不懷疑羅斯福總統誠實的為人，但羅斯福必須要為自己的薪水簽署憑單，等級最低的政府職員領取薪水的時候也要這樣做。美國最高法院的法官們被認為是這個國家的良心，也是很多問題最終的裁定者，也必須要為他們所領取的薪水簽字。

要是美國每個孩子都接受全面的商業培訓，那麼成千上萬的推銷者、精明的商人就不能再利用人們的無知來發財了，他們將徹底失業。

我認為，商業大學能夠對美國今天的文明產生重要的作用，正是因為這些大學所教育的人才，讓成千上萬的家庭免於失去房子，過上快樂舒適的生活。否則，很多人都依然在貧窮與苦難中掙扎。

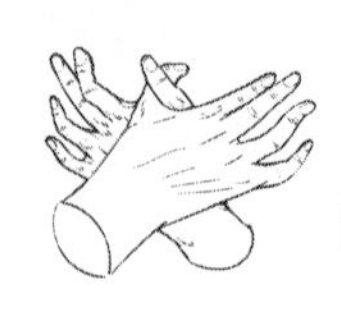

第十三章　有過錢，但都失去了

很多人對商業運作實際操作的模式都並不了解，這種情況在專業人士方面更是普遍。我所認識的牧師、記者、作家、醫生、教師或是從事其他行業職業的人，他們經常因為對商業問題的無知，而不得不要忍受很多尷尬。不少人都不知道如何解釋最簡單的商業術語。

不久前，一位哈佛大學畢業生在一個重要位置上當老師，去找一間商業學校的校長，請求他給自己上幾堂關於理財、票據等方面知識的課程。他說自己去銀行問那些櫃檯人員自己的存款還有多少，而當銀行票據遞到他的手裡時，他也不知道該怎麼辦。

在這個充滿傾軋、講求實際的世界裡，沒有比接受良好、全面的商業教育更能讓你立於不敗之地了。你會發現，無論從事什麼行業，成功都取決於你對人性與事情的全面洞察力，這種能力與你的技術能力一樣重要。

無論從事什麼工作，你都要首先成為一名商人，否則你始終在現實生活中處於不利地位。我們的生活離不開金錢，正如離不開食物一樣。成功生活的基礎就在於我們高效理財的能力。

相比於賺錢，儲存金錢與進行明智的投資要更難。即便是對那些最有經驗、接受過最科學商業訓練的人而言，要想在賺錢後留住金錢也是困難的。對那些在這方面毫無訓練的人而言，要想將金錢積攢起來豈不是更難？

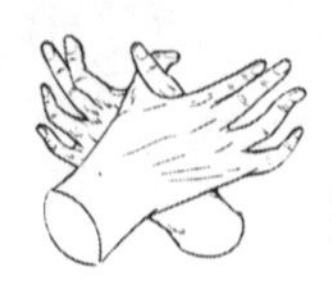

第十三章　有過錢，但都失去了

第十四章
權衡別人

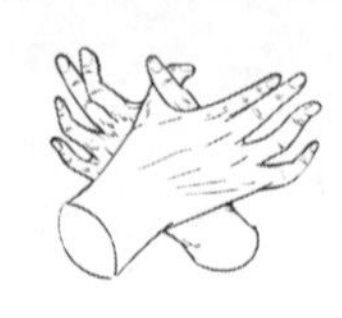

第十四章　權衡別人

亞歷山大大帝征服波斯後，突然病重。手下一位將軍遞給他一封信，信中稱他的隨侍醫生給他下了毒。亞歷山大毫無表情地讀完這封信，將信放在枕頭底下。這這位醫生下次過來準備藥物的時候，亞歷山大說他暫時不吃藥，讓醫生將藥放在他手夠得著的地方，同時將那位將軍遞給他的一封信給醫生看。亞歷山大抬起胳膊，以最嚴厲的目光觀察這位醫生的面部表情，直接看透他的心靈，但他沒有從這位醫生的臉上看到一絲的恐懼與罪惡。他立即伸手拿起那碗藥湯，喝下下去。這位醫生對亞歷山大收到這封信後依然還這樣做感到驚訝。亞歷山大回答說：「因為你是個誠實的人。」

亞歷山大大帝是一位洞察人性的高手，他了解人性，知道人們行為背後的動機，他能像閱讀一本敞開的書那樣去審視人的心靈。

對一位領袖來說，最重要的藝術就是權衡一個人的能力，洞察這個人的潛能，正確地對他進行評價，將他放在適合的位置上，讓他揚長避短。

下面這句話是安德魯·卡內基為自己選擇的墓誌銘：「在這裡躺著的人，知道如何利用比他更聰明的人。」

人們會感到奇怪，為什麼摩根（John Pierpont Morgan）、哈里曼萊恩（Harriman Ryan）、沃納梅克（John Wanamaker）等人能夠取得如此輝煌的成就呢？祕密就在於他們有能力在成就大事的時候，將適合的人放在正確的位置上，讓這些人按照他的意圖去執行他的想法。

馬歇爾·菲爾德總是習慣於審視他的員工，試圖了解他們未來的發展。任何事情都不能逃過他敏銳的雙眼，甚至連很多員工都根本不知道菲爾德在注視著他們，他會利用每個機會去衡量他們的能力。他在將員工放在哪位位置，權衡他們的能力，可以說獨具慧眼，達到了一種天才的高度。在他看到櫃檯前的一位職員不見的時候，他會經常問自己的經理這位員工做得怎樣。當經理說這位員工得到了提拔，他會繼續追蹤他的發展，直到他下次在那個位置上看不到他的時候。他總是想知道員工到底離他的期望值還有多遠，因此，他總是隨時觀察著些員工的發展，不斷注視著他們的進步。正是憑藉這樣的觀察，他成為閱讀人性方面的專家。

菲爾德有時會提拔一個他的顧問並不認同的職員，雖然顧問都說這樣的決定是一個錯誤，但最後證明他總是對的，因為他比別人擁有更強的洞察能力。他不是太在意這位員工所說的話，而是透過他的表面，直接權衡這個人到底是否具有能力。他擁有超乎常人的心理能力，能夠直接看出員工所具有的能力，能夠在看到常人所看不到的弱點。

一位擔任了好幾年總經理的人突然辭職，自己創業去了。菲爾德沒有絲毫猶豫，立即將一位他觀察了好久的員工叫到自己的辦公室，說了幾句話之後，就讓這位員工擔任總經理的職務。他對自己的決定非常有信心，覺得自己並沒有做錯。第二天他就乘船到歐洲旅行了。他認為沒有必要等這位新的總經理展現自己的能力之後再做決定，他相信自己選擇了正確的人，並對此十分相信，他最後並沒有失望。

那些有能力在更大範圍內取得成功的人，知道自己該做什麼，不該做什麼，他們會讓那些有能力強的人揚長避短，讓自己身邊的人去彌補自己的缺點，用別人的長處來彌補自己的弱點。因此，他們能夠綜合所有人的能力，不斷地取得全新的發展。

很多人就是因為沒有能力去讀懂人性，將自己的缺點複製到員工身上，因此增加了自己失敗的命運。很少人能真正看到自身的弱點與不足之處，這樣的人必然會讓身邊充斥著與自己有著一樣缺點的人，結果就導致了他們的企業始終處於弱勢地位。

作為領袖，不僅要有能力去衡量別人，更要有能力去了解真實的自己，對自己的優勢與劣勢進行充分的評估。

很多人被選派擔任重要的位置或是擔任某個肩負重任的職位，最後卻讓那些對他們寄予厚望的人感到失望，因為他們沒有一種閱讀人性的能力。他們可能也接受過良好的教育，舉止得當、智力超群，一般來說應該有很強的能力，但他們卻缺乏閱讀人性的能力，無法正確地評價他人，無法將別人放在他們本該所處的位置。

格蘭特作為一位將軍與軍事統帥而言是非常具有慧眼的，但在他擔任美國總統時，他卻感到不適合，能力始終得不到發揮。他無法將自己最大的能力釋放出來，因此不得不依賴身邊那些親信的建議。結果是，作為總統的他，未能如他當將軍時享有那麼高的聲望。

如果格蘭特將軍在解讀政治與人事管理方面有他在作出軍事戰略時那樣的洞察力，他一定會成為一位偉大的總統。但他身上的弱點並不適合擔任總統，這讓他的能力無法得到釋放，而且他也犯了將親信安插在重要位置上的致命錯誤。

那些準備要踏上社會的年輕人要培養自己洞察人性與閱讀品格的能力。他應該將權衡別人視為一種工作，審視他們的潛能與激發他們前進的背後動機。他應該認真觀察別人的行為，看到他們在小事上的一些做法，學著像閱讀敞開的書那樣閱讀他們。

一個人不自覺的行為或是自然的舉止要比他的言語透露更多的資訊。眼睛是不會撒謊的，眼神能用各種語言來說出真相，而且眼神經常與我們所說的話語相反。雖然有些人在

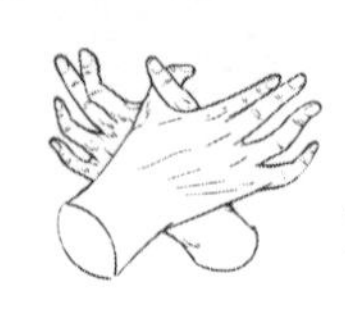

第十四章　權衡別人

努力用話語來欺騙你，但他的眼神卻能說出真相，他的行為能夠說明他是否真誠，而他的舌頭則可能欺騙你，因為他可能在演戲。

紐約一位成功的商人以閱讀人性的能力而著稱。有時，他會對一個重要位置的候選人進行長時間的研究，但他自己很少談到這點，而是有時間就把他叫出來，觀察他的每個動作，認真審視他說的每句話，試圖讀懂他每個眼神背後的動機。他的舉止，他所做的事情，這些都是說明他真實個人品格的字元。當他在權衡一個人的時候，我剛好在他的辦公室裡。看到他在打量這位候選人，從候選人的判斷力等方面進行評估，直抵他的靈魂深處，權衡他的能力與潛力是否適合這個位置的情形，真是讓我受益匪淺。

經過幾分鐘的交談，那位候選人出去了。他告訴我這個人的心胸是否寬大，他的能力如何，他會有怎樣的未來，局限他的地方又是在哪裡。在這方面上，他很少會犯錯。當他說某個人一無是處的時候，我從未聽說這個人會有什麼成就；而當他毫無保留地讚美一個人時，我也從未發現這個人會混得很差。

我們都知道很多企業的老闆都像奴隸那樣工作，不斷忙於工作，但卻沒什麼進展。其實，這完全是因為他們不知道挑選適合的人到自己身邊，為自己做事。

一些人在自己的企業裡似乎沒有能力制定一套有序的規章，他們可能自己做得很好，想要不斷突破限制。但他們對人性缺乏了解，他們的洞察力不強。他們時常被很多只知道紙上談兵的人的談話能力、所接受的教育所迷惑，讓他們擔任原本只有具有真才實幹與富於智慧的人才能勝任的職位。他們很可能讓一位教養良好、個性敏感與注重性形象的人在一個原本應該由身強體壯、臉皮很厚的人任職的位置上去做事，而前者過分敏感的心靈則會設法逃避冷漠與富於侵略性的商業法則，所以選擇後者才能實現真正有效、高效的管理。

人們時常被引領到很多不適合自己的位置上，身處各種複雜的事務中，讓自己感到尷尬，這是因為他們沒有能力去閱讀人性，透過一瞥來讀懂別人的品格。無論在哪裡，心地善良的人都會被那些奸詐之人所利用，將辛辛苦苦賺來的錢浪費在愚蠢的投資，就是因為這些人對人性的無知。他們看不到很多人在面具後面的那幅流氓模樣。他們缺乏一種洞察的能力，不能看破那些「披著羊皮的狼」。對人性的了解能夠保護我們的金錢，保護我們的品格，也能讓保護我們免於遭受他人的奸詐與欺騙。

容易受騙的人幾乎都是閱讀人性的弱者，因為他們總是受到別人的欺騙。油嘴滑舌與精明的推銷者是洞察人性的高

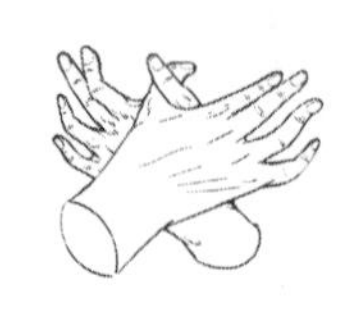

手，他們在遇到那些善良與心地寬廣的教授、學者、牧師或是藝術家的時候，知道這些人對商業了解不多，容易相信別人，就知道自己的機會來了。他們知道，只要有機會，就能很快讓這些人上鉤。他們知道這些人會很容易成為自己的獵物，因為他對人性有深刻的了解。

這些推銷員不會想著去賺取那些精明、頭腦冷靜的商人的錢，因為後者一眼就能看出他們耍的花樣，因為他們也是閱讀人性的高手。商人們一般都能透過人性的面具，一眼看出那些油嘴滑舌、甜言蜜語的推銷者背後所隱藏的真實動機。

能在第一眼就能讀懂別人的能力是非常具有商業價值的。閱讀人性方面的專家所具有的價值，就好比法律知識對律師的價值，好比醫學知識對醫生的價值。那些能夠讀懂人性，能夠迅速「權衡」別人的人，能夠迅速對別人的品格有一個準確評價的人，無論他從事什麼職業，都是具有很大優勢的。

對一些人來說，他們迅速讀懂別人的能力可稱得上是天才。他們能夠瞬間看穿所有的偽裝，撕毀所有的面具，看清楚這個人的本真，知道他真實的位置，並且據此來對他進行評價。

一位擁有閱讀別人品格能力的人在面試求職者的時候，很少會注重他們所說的話。對他來說，人性就像是一本書，而對其他人來說就像是還未開封的書。後者沒有那種揭開所有偽裝看到本真的能力，他們都是別人說什麼，自己只能聽什麼，所以經常會被騙。這樣的人不是稱職的老闆。

我認識一位非常受歡迎的商人，他在很多方面都頗有能力，每個認識他的人都非常尊重他，但他總是吃不懂人性的虧。他看不懂別人做某些事情背後的動機，不知道如何去權衡一個人的真實能力。如果一位求職者的談吐得體，他立即就會認為，這個人適合某個職位，並且迅速雇用了他，最後的結果確實讓自己無比失望。他對很多因為健康或是其他原因失去牧師職位的人感到同情，招他們過來，還有他之前的一些老師與教授都成為他公司的一員。結果，他的公司有很多尸位素餐的人，這些人根本不知道如何讓企業得到科學的發展。

養成權衡、評價與估量我們所遇到的各種人的習慣，這本身就是一種自我教育的方法，因為這樣可以提高我們的觀察能力，讓我們的洞察力更加敏銳，提升我們的判斷力。閱讀人性的能力是可以培養的。這個國家有這麼多的人口，我們有很多機會可以去閱讀持各種性格的人。

第十四章　權衡別人

事實上，多數人每時每刻都身在一所神奇的學校裡，特別是在大城市裡，我們經常能見到很多陌生人！這為我們成為閱讀人性與研究人性動機提供了多麼寶貴的機會！

臉部表情、眼神、舉止、手勢與走路姿勢，要是我們能破解這些行為的含義，就能從這些貌似深奧的符號裡讀懂一切。有時，別人一個無意的眼神，都會讓你有機會洞察他的靈魂深處，暴露他不敢用話語表達出來的祕密。面部表情與舉止，特別是當別人卸下防備或是不知道別人在觀察著自己的時候，都會充分展現一個人的品格。

當你成為閱讀臉部表情、品格與人性方面的專家，就會發現自己擁有一種神奇的能力，能看到之前很多從未注意過的東西。你會讓自己免遭那些推銷者的欺騙，免遭那些想要為了說服你去做對你有害無益的事情而曲意巴結你的人的矇騙。你將能分辨出真情實意與虛情假意間的區別，你會讓自己遠離可以摧毀你人生事業的許多煩惱、尷尬或是恥辱。

今天很多過著貧窮生活的人之所以無家可歸，之所以那麼可悲，是因為他們不懂得如何讀懂人性，遭受別人的欺騙，從而失去了自己的財產與權利。

分辨出錯誤與真實間的差別，讓人擁有正確的價值觀，挖掘別人身上美好的東西，分辨出天才與偽裝的才氣，這種能力要比那種未教給你實幹能力的大學教育更為有用，可能決定你日後是成功還是失敗，過得快樂還是悲慘。

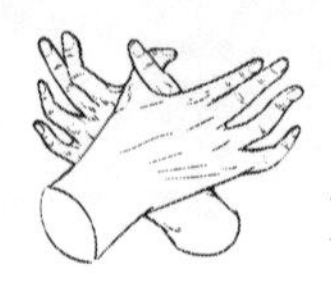

第十四章　權衡別人

第十五章
這個世界欠你一個美好的生活嗎？

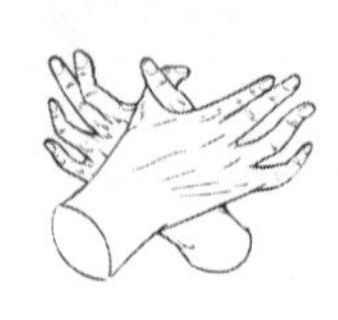

第十五章　這個世界欠你一個美好的生活嗎？

一位十五歲的敲鐘少年在克里夫蘭被逮捕，因為他偷竊了八美元。當他在法庭上被問及為何要偷竊時，他說：「因為這個世界欠我一個美好的生活。」顯然，這位少年從很多老一輩的口中經常聽到這句話。

當路易十四的軍隊在法蘭德斯被擊潰時，這位君主大聲感嘆：「難道上帝忘了我為祂所做的事情嗎？」很多人似乎認為上帝與這個世界對他們負有很大的責任，這個世界虧欠他們美好的生活，而他們是不需要對這個世界負責的。不久前，我聽到一位年輕女性說自己並不覺虧欠這個世界什麼，只希望能以最小的努力在這個世界撈取最多的東西，完全不覺得自己對過去的人們有所虧欠。

那些懶惰的朋友們，你們想過自己有幸活在世上，難道真的沒有虧欠這個世界嗎？你是否想過這個世界過去的人們都在為你今天能夠處在這個時代做出的努力，而你現在正是在收穫過去那些人辛勤工作，做出犧牲與忍受痛苦所結下的果實呢？

你能直面這個世界上的那些辛勤勞動者，告訴他們你想要獲取他們勞動的成果，享受這個世界所有美好的東西，而不願意做出任何回報？

那些不為生活在當今這個黃金時代而感到內心激昂、滿懷感激的人，不覺得自己對過去的人們有什麼虧欠，對之前不斷奮鬥與努力的人視若無睹的人，根本就不是正常人。換言之，他根本不是一個真正的人，應被稱為寄生蟲、竊取別人勞動成果的小偷。

所有過去發生的事情，都進入了你的生活。你的生活享受著過去人們所做出成果的總和。想想之前難以計數的人們為了你們現在所享受的舒適做出的努力，想想你現在所擁有的安逸生活，你所擁有的快樂。想想過去那些為了保衛和平而戰死沙場的人血流成河，想想那些為了爭取你今天所擁有的言論與行動自由而被囚禁在監獄或是地牢裡的人們吧。

不知有多少人在孤獨與悲慘的環境下，依然潛心研究科學，讓我們今天有燈光照亮全世界！想想那麼多人在製造、生產與修剪你的衣服、製造你吃的食物，還有你餐桌上的熱帶水果，你穿的外國衣服，還有各種你喜歡的小玩意，所有這些來自國外的東西都讓你得到舒適與感到方便。

你在街上以兩到三美分買一個柳丁，你是否想過，要想把柳丁放在你的面前，需要付出多少呢？你是否想過很多人在種植柳丁，很多人在幫忙運輸，才讓你今天能以幾分錢的價格買到一個呢？

你用十分錢買了一碼的棉布。但你是否想過南部人民在種植棉花所耗費的汗水與辛苦呢？是否想到過磨坊裡人們齊心協力採集、打包、用船裝運，很多員工整理打包，然後用汽船與鐵路等方式運到這裡，然後你唱著歌謠就把它買下了。

設想一下，要是這些人都認為自己並不虧欠這個世界什麼，只想著享受他們所有的一切！那麼，生產一支鉛筆，一張書寫用紙，一把折合式小刀、一副眼鏡、一雙鞋子或是一件衣服要花多長時間？這些東西都代表著人類的辛勞與犧牲！你所購買的任何東西都是人們經過汗水、努力與辛勤的勞動才得來的，讓你可以享受。不知有多少人像奴隸那樣辛勤地勞動，讓你可以輕鬆自在地乘坐火車，搭乘汽船。不知多少人為了製造最先進的火車與汽船，做出了多麼大的犧牲，讓你可以享受他們提供的舒適與奢華。

無論到哪裡，成千上萬的人都在為你旅行的路途做好準備，讓你一路順風，免於危險，免去你的麻煩與勞累，但你竟然說自己不虧欠這個世界什麼東西。

要是數千年的勞動者與所累積的財富都是為你享受而存在，都為你的誕生而存在的話，他們是不可能提供今天這些舒適、便利的設施。對於過去人們所有的努力，你從未有所思考，有所感悟，還說這個世界虧欠自己這些那些，而自己則無所虧欠。

那些懶惰的朋友們，你是否想過有些東西是金錢所買不到的呢？不要以自己可以不勞而獲這樣的想法自欺欺人了，宇宙的所有法則都在反對這樣的理論。你必須要在這個世界為自己開一個帳戶，沒有人會為你償還你所虧欠的東西。你父親或是其他人憑藉自己努力所賺取的金錢，都烙上了「不可轉換」的符號。宇宙的法則只承認那些真正的所有者，也就是那些人所為之付出的努力。

要想真正有所收穫，你就要為之付出代價。所有人都會為你服務這樣的想法不過是幻想。你對這個世界有所虧欠。在你出生的那一刻，文明就為你開了一個只屬於你個人的帳戶，在這個底帳的一邊寫著「約翰．史密斯，虧欠所有在你之前所有辛勤勞動的男女所創造價值的總和，虧欠所有為了讓你獲得自由、擺脫奴隸制的剝削與勞役的解放而遭受痛苦與犧牲的人」。你虧欠所有為了改善人類艱難處境而發明創新的人，虧欠所有讓你免於勞累與艱苦環境的人，虧欠所有讓你可以遠離史前人類過的那種狹隘與局限生活的人。

懶惰的先生們，在你大言不慚地說這個世界虧欠你什麼的時候，你有為穿在身上的衣服或是你所住房子而支付金錢嗎？為什麼那麼多的勞動者要忍受著艱苦與各種匱乏來製造所有這些有用與美好的東西，而你卻想著可以不勞而獲呢？

你說這個世界欠你一個美好的生活。要是綿羊拒絕長毛，讓懶惰的你沒有棉衣穿呢？要是大地不願意為莊稼提供養分，不讓世界各地的穀倉充滿糧食呢？要是上天頒布一條

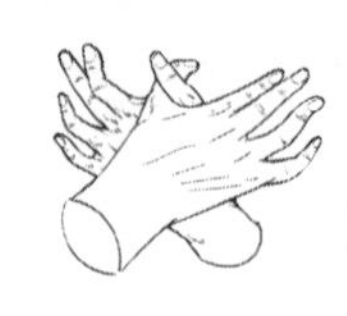

法令，從今以後，你只能得到自己做工賺取的東西時，否則就要餓肚子，你還會讓懶惰的雙手動一下嗎？還會學習一些手藝或是為自己的人生做打算嗎？

一個人來到人類豐盛的財寶庫裡，想要什麼就有什麼，而不願意拿出一些東西作為交換，這樣的人難道不是小偷？不是人類文明的敵人嗎？

人們經常說，要是不分青紅皂白地給予別人東西，會讓這個人成為貧民。但很多富人卻將自己的財富交給年輕的兒子，從不教會他們「一分耕耘一分收穫」，要想得到什麼，就要有什麼去交換的道理。

一個只有二十一歲的年輕人，等著父親去世留給他財富，每天都跟別人說自己的老爸很有錢，自己根本沒有必要去工作，應該好好地玩樂。對這樣的年輕人，我們還能期望他的品格有所發展，能真正具有男子氣概嗎？他又怎麼可能養成獨立自主的個性，怎麼可能充分發揮自身創造力與發明力及其他各種成就他為人氣概的特質呢？對父親們來說，將一大筆財富留給自己的兒子，而不讓他們發展自身的品格，不去讓他們接受卓越、實際的培訓，不去培養他明智使用金錢的能力，那麼，這是非常殘忍的做法，幾乎可以說是一種犯罪行為。

這個世界有這樣一條法則，要是你把快樂當成一種職業去追尋的話，那麼你必將失敗。快樂是不可能追尋的，這是一種反思後的結果，源於高尚行為的產物，一個附帶衍生出來的東西。要是人們將尋求愉悅當成一種職業，那麼這樣的人是很難真正快樂的。

懶惰的人生是不可能成就真正的人，奢侈的生活只能摧毀我們。真正具有創造力的特質只能在我們不斷改善這個世界的過程中得到發展。任何財富或是父母的庇護都不能讓他們兒子擁有堅強的個性，他必須要自己去努力，誰也不能替代他的努力。

哈利．霍勒 (Harry Hole) 的父母根本不知道讓自己的兒子終日無所事事，沒有一門手藝，無法在關鍵時刻養活自己，是一件多麼殘忍的事情。世人覺得他們應該懂得從過去很多敗家子的教訓中汲取教訓，即誰要是不努力，都是無法得到上天的恩賜這條法則，只有不斷地努力，挖掘我們的潛能與不斷自強才是讓我們成為真正的人的唯一途徑。

造物主讓懶惰者遭受各種懲罰 —— 讓他們遭受軟弱、墮落、毀滅與滅絕的懲罰。「要麼使用，要麼失去」這是大自然的法令。

懶惰之人就像是被閒置的機器，很快就會生鏽。一旦某個東西處於靜止狀態，那麼許多敵人就會準備對它發動攻擊。一旦人變得懶惰，腦子生鏽、逐漸墮落，那麼，各種將他分解的過程就立即開始了。一旦我們停止工作，心靈就開始了自我摧毀的過程。無論上天或是地球，都沒有力量去阻止一個生鏽的大腦逐漸墮落。要是一個人違背生命的法則與身體的規律，那麼沒有什麼力量能讓他成為一個強大與健康的人。懷著一個目標，持之以恆地努力，滿懷熱情，投入愛意，這是我們免於遭受羞辱的唯一途徑。工作是通往成長的不二法則，誰也不能逃脫這條法則。

這樣的時代終將到來：一個原本有能力、有前途的人想要得到世界美好的東西，卻不想給予回報，這樣的人將被視為醜陋的怪物、人類文明的敵人，最終被大眾所排斥。

那些認為自己可以依靠別人收穫的東西來過一輩子的年輕人，還想著可以憑藉這樣讓自己變得高尚，無疑是在挑戰造物主，宇宙的法則是不會讓這成為可能的。要是讓生命這架具有無限潛能、活力而又複雜的機器閒置，在原本應該努力工作的時候，卻想著如何取樂，這會遭致我們本性的強烈反抗。

今天，美國文明產生最不良的一點，就是很多遊手好閒的富人所產生的惡劣影響 —— 這些人類的寄生蟲，不願意工作，而卻想要別人的勞動與腦力生產出的最好產品。

我聽說很多有錢的父親都在宣揚生活的壓力讓他們成為真正的男人，讓他們對未來具有遠見，給予他們動力，讓他們對事情更有洞察力，激發他們的創造力，讓他們有能力去創造與保護財富。但他們轉過身後，卻將財富留給自己。這樣做很有可能讓兒子失去奮鬥的動力，扼殺他的雄心壯志，讓他失去只有認真與誠實的工作才能產生的熱情。

無論一個人多麼誠實地賺取財富，他也不能想著將財富交給後代，就能讓他們免於奮鬥了。事物的本性，宇宙的永恆法則已經規定了一點，誰也不可能在把財富交給後代的時候，將賺取財富時的那種動力，那種為人氣概、穩健的個性、品格或是任何富於價值的東西傳給後代。子女對文明的虧欠，可以追溯到他們的父母。這個債務只能由個人來償還，是不可能透過別人來償還的。個人的努力才能讓孩子不斷得到發展，這是成為真正的人的必經之路。

有些東西是富有的父親所不能為兒子做的。父親在把財富交給兒子的時候，是不可能將賺取財富的特質也一併傳給兒子的。自然的法則反對這樣的「繼承」，無所不能的法則也對此表示抗議。

要是骨相學家檢查那些懶惰之人或是富人兒子的頭骨，會發現明顯的缺陷，因為原本讓他們成為真正男人的潛能都沒有得到發掘。他通常會發現此人自私的本性得到了巨大的

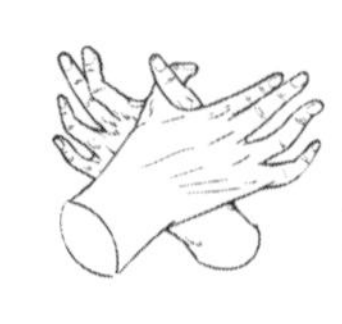

發展，而獨立自主、創造力與聰明才智及其他高尚的特質都沒有得到發展，因為他們從未想過自強自立，想要靠自己的努力立足這個世界。

要是這位骨相學家將這些人的頭骨與他們白手起家的父親相比，就會發現兩者間出現巨大的差異，明顯沒有任何關聯。這樣的差異就好比是生長在高山嚴寒的橡樹與從未經歷風雨、生長在茂密樹叢中的小樹那麼明顯。

一個父親能做的最殘忍的事，就是剝奪了自己兒子獨立成為真正男人的機會，讓他失去鍛鍊自身力量與潛能，成為真正男人的機會。但懂這個道理的父親何其少啊！

要是某人真正憑藉自己的能力闖蕩世界，以破釜沉舟的勇氣去拒絕所有人的幫助，勇於抬起頭，按照自己的思想前進，激發自身的潛能，動用自身所有的智慧、創造力與天才，讓自己成為一個充滿活力、強大的男人。這樣的人才彰顯了一個人正常的狀態，也是成為一個真正的人的唯一途徑。

很多軟弱無力、過分注重衣著打扮的人，手無縛雞之力，頭腦更是空蕩蕩，他們只擅長對「不長腦的女人說些不長腦的話」，或是喜歡一些毫無用處的時尚東西。這樣的人無論到哪裡都是不值一文的。他們應該明白一個道理，世界上是沒有白吃的午餐的。

如果你不願像一個男人那樣工作，不願為成為真正的人付出代價，別人永遠都瞧不起你。當然，如果你願意的話，你也可以過著懶惰的生活。如果你有一個愚蠢而富有的父親，誰也不能阻止你過懶惰的生活，但你必須要為自己的懶惰付出代價。你的一生都會在羞愧中度過，被貼上軟弱的標籤，被烙上懶惰者的印記。你必須要為自己選擇成為不勞而獲之人而付出代價。

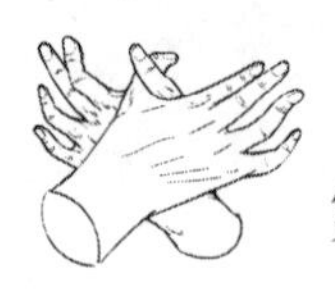

第十五章　這個世界欠你一個美好的生活嗎？

第十六章
運氣為你做了什麼？

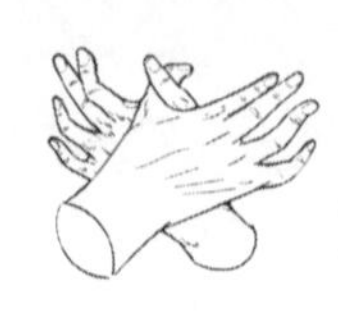

第十六章　運氣為你做了什麼？

「運氣只是帶給我們一艘沒有指南針的船而已。」很多人經常感到自己沒有遇到所謂的「運氣」或是「機會」等東西，但我們必須要承認，世上的確有運氣這麼一回事的。這種東西是我們無法控制，無法預測的，也是我們所不能提前估計，然而它就那樣發生了，通常能改變我們的命運。很多好的位置並不是我們靠能力就能達到的，也不是我們努力就能實現的。很多出生貧苦的人或是洗衣的婦女因為某個親戚的突然去世，繼承了一大筆財富；或是一位貧苦的女孩突然因為嫁給了一位富人，而擁有了財富，或是世人所稱之為地位的東西。

每個讀過書的人都知道，在正確的時候出現在正確的位置上，這將給我們帶來極大的優勢，而至於能否置身在那個位置，則要看我們的運氣了。很多人能夠被提拔到某個高位，並不完全是因為他們的能力。也許，對他們的提拔是因為一場鐵路事故，或是某些身處高位的人突然病倒或是去世了。最近，我們就經歷了這樣讓人震驚的例子。長島鐵路公司的兩位執行長在幾個月內相繼去世，讓一些人得到了意外的提拔。每個人都知道，那些上位的人都是因為他們與企業的老闆有所關係，也許，公司裡很多更為努力、能力更適合的人卻沒有這樣的機會。

但無論怎樣，誰會說人就是命運的玩物，或是說成功只是一時運氣或是命運的安排呢？

不是的。運氣並不是上帝為成功所付出的代價，也不是祂與人做的一場交易。當我們覺得一些擁有財富或是地位的人都是拜運氣或是命運所賜時，還有很多人不斷努力，為了維持生計而奮鬥，他們所憑藉的就是自身的品格與能力——而非運氣或是命運，也不是任何臆想的東西去控制他們的命運。對一個人來說，生活中唯一扮演重要作用的運氣，就是他的那顆勇敢的心、勤快的雙手與敏銳的心智。

運氣能為這個世界帶來什麼？它能發明電報還是電話？它能讓我們安裝海底電纜嗎？它能讓我們建造汽船、建立大學、救濟所或是醫院嗎？它能夠鑿開高山，鋪設橋梁或是讓我們的土地產生奇蹟嗎？

運氣能造就諸如華盛頓、林肯、丹尼爾·韋伯斯特（Daniel Webster）或是艾利胡·魯特、亨利·克萊（Henry Clay）、格蘭特或是加菲爾德（James Abram Garfield）等人的事業嗎？運氣能幫助愛迪生或是馬可尼發明東西嗎？運氣能讓那些商業巨擘賺取財富嗎？諸如約翰·沃納梅克、羅伯特·奧格登（Robert Ogden）或是馬歇爾·菲爾德這些人會將成功歸於運氣嗎？

很多人試圖為自己的失敗找藉口，說命運一向對自己不公，自己缺乏運氣，說自己不得不要屈從命運的安排，無論

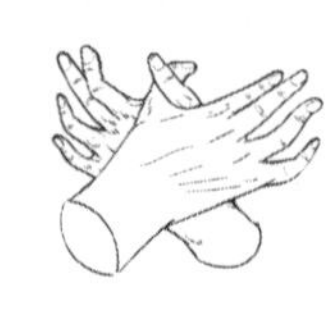

第十六章　運氣為你做了什麼？

怎樣努力，也無法改變自身的命運。但是，年輕的朋友們，如何掌握你手中的牌，是靠你自己的。遊戲的結果並不在於你的運氣或是命運，而在於你自己。如果你擁有旺盛的精力、能力或是所必需的決心，那麼你就能成為贏家。你自身有能力去改變你手中所握的牌的價值，而不是讓命運牢牢掌控著你。遊戲的勝負取決於你接受的訓練，取決於你在抓住與使用機會時表現出的自律，取決於你如何運用能力，讓自己獲得更大的優勢。

不要因為有時環境讓某些律師擁有很多客戶或是醫生有很多病人光顧，或是讓能力一般的牧師站在不一般的講臺上發表演說，或是能力平平、缺乏經驗的富二代一開始就在一間大公司當老闆，而擁有更強能力、經驗更為豐富的貧窮少年通常則只能一步一個腳印地進步，才能在一個普通的位置上站穩。難道你因此就怪自己缺乏運氣，不讓你少奮鬥幾年嗎？試想一下，要是一艘貨輪的船長在駛向大海的時候，心中對目的地沒有概念，他能夠相信運氣幫他把貴重的貨物安全送到目的地嗎？

你是否認識某些成功實現人生目標的年輕人是完全依靠運氣的呢？那些只相信運氣，而不做好最充分準備的人是不可能有所成就的，因為這些人不願意為成功付出代價，他們總是在討價還價，想要找尋成功的捷徑。

我們聽到很多人談到「羅斯福的運氣」，但要是在機會到來之前，他沒有準備好的話，那這樣的運氣又有什麼意義呢？—— 要是他之前沒有為總統做好全面的準備 —— 如果他之前沒有全面鍛鍊自身的能力的話，運氣也是毫無意義的。

只有當一個人在他的人生字典裡將諸如「好運」、「霉運」等字眼抹去，並從人生格言裡將「我做不到」等字眼抹去，他才可能有所成就。在英文裡，沒有比「運氣」一詞更被人誤用了。很多人為自己馬虎的工作與卑鄙、骯髒與不堪的事業都歸咎為「運氣不佳」，說「命運與我作對啊」，而不是想著從自己身上找原因。

年輕人，你前方的大門之所以緊閉，可能就是你自己將它關閉的 —— 因為你之前缺乏培訓，缺乏大志、能量與動力。也許你在等待運氣之神去幫你開啟這扇大門的時候，那些更具毅力與聰明的傢伙已經走在你前頭了，並且親手將那扇大門打開了。力量屬於那些懂得運用的人。「運氣就像是潮水，時漲時落，僅此而已。強大之人能夠順勢而為，駛向港口，要是潮流方向不對，他也會勇敢做弄潮兒。」

當有人問明尼蘇達州州長約翰．詹森 (John Johnson)：「你覺得自己的成功要歸功於什麼呢？」詹森很簡單地回答：「我只是想做得更好而已。」你會發現，那些想要做得更好的人，

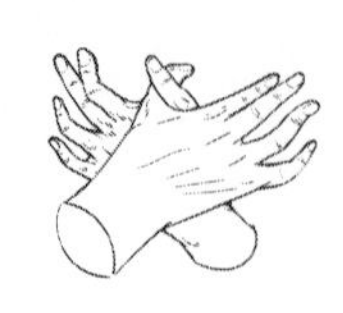

第十六章　運氣為你做了什麼？

在一千人當中，起碼有九百九十九人都是那些「幸運之人」。年輕的詹森不得不與貧窮、身世與所處的環境作鬥爭——他所遇到的很多困難都可以歸結為「運氣不好」或是「沒有機會」，但他卻勇於與命運之神作戰，不曾畏懼，也沒有抱怨命運對自己有什麼不公。

一個潛入年輕人腦海裡最為可怕的幻覺就是，有些東西是他自身力量所不能控制的，這些東西以某種不可理解的力量能讓他在付出很少努力的情況下，達到了一個舒適與自由的位置。就我所知，每個抱著這樣幻想的年輕人最終無不是走向了毀滅。「好運」源於良好的常識、良好的判斷力、健康的身體、永不放棄的決心、高遠的志向以及腳踏實地的工作。

在你看賽馬比賽的時候，你非常清楚處於領先的馬匹之所以能夠領先，是因為它跑得要比其他馬匹更快。要是處於落後位置的馬匹為自己運氣不好，聲稱處於領先位置的馬匹作弊的話，那麼作為觀眾的你是不會同情它的。當你看到一些人在相似的情形下做得比你好，你只要對自己說：「他做得那麼好肯定是有理由的，背後肯定有什麼東西值得我學習，我一定要好好學習。」不要試圖透過將所有一切都歸結為「運氣不好」或是將他人的成功說是好運，來緩解自己良心的壓力或是麻痺自己的鬥志。

拿破崙曾說:「上帝總是站在戰鬥力最強的軍隊的一邊。」拿破崙總是讓自己處在準備最充分的一方，讓部隊接受嚴格的訓練，讓他們成為士氣高昂、意志堅定的士兵。要是我們仔細審視一下那些被稱之為「運氣好」的人，就會發現這些人的成功的根基都可以追溯到他們的過去，他們從過去戰勝貧窮與困難中不斷汲取養分，成就了今天的輝煌。我們會發現，那些「幸運之人」要比那些「運氣不佳」的人更善於思考，擁有更為良好的判斷力，做事更有系統與條理，大腦的想法也更為簡潔與明確，思維也更加縝密與富有邏輯，而在執行方面則是更趨果斷。人生並不是一場講求運氣的遊戲。造物主並沒有讓我們受限於環境，也不會不顧我們自身的努力，而讓我們不得不接受命運殘忍的安排。

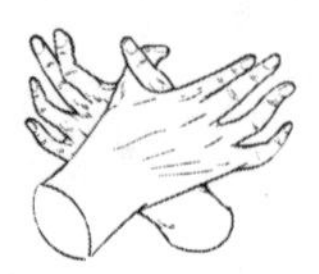

第十六章　運氣為你做了什麼？

第十七章
有瑕疵的成功

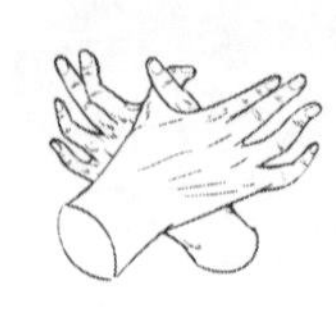

第十七章　有瑕疵的成功

「當前，美國人民在現實的倫理道德方面遭受了慘痛的代價。」尼古拉斯·默里·巴特勒（Nicholas Murray Butler）最近說。「這些人已經讓人民非常清楚地知道了品格與名聲的重要性……最近，我們看到很多人的名聲像雪那樣一遇到太陽就消失了。簡單來說，今天美國人民所遇到的情況就是因為這些人缺乏道德原則。」

去年，很多身處高位、被世人敬重或是信賴的人的醜行被曝光，讓人們對人性的信念產生了前所未有的衝擊。

現在，媒體對那些長期身處高位，在大眾眼裡沒有絲毫瑕疵的人物進行全面的監督，對那些模範人物或是讓人尊敬成就之人進行調查——曝光了很多醜陋的汙點這些汙點，就像馬克白女士手上滴落的鮮血，即便跳進黃河也洗不清。

有時，鑽石上的一個小小瑕疵會讓一顆原本價值數千美金的鑽石跌落到只有五十美元或是更低的價格。一般人看不到這些瑕疵的存在，只有當我們拿起放大鏡去看，才能發現其中的缺陷。但是這種缺陷的存在對鑽石的商業價值卻是一個硬傷。

不久前，很多人性的「鑽石」被認為是毫無瑕疵與璀璨奪目的一流貨色，當金融界與社交圈子的人為之讚嘆。要是我們使用顯微鏡對他們進行觀察，就會發現他們存在很多缺點。

最近，美國一位已經七十歲高齡的參議員被宣判有罪，除了要交納罰款，還要在監獄服刑，因為他從土地承包上弄虛作假，獲取經濟利益。還有一位參議員與幾位眾議員利用權力之便謀取不當利益而被起訴。一些眾議員被判在土地承包方面謀取非法利益，也有一些軍隊的軍官因為私吞公款而被判刑。一系列關於郵局腐敗、合約詐騙及最近臭名昭著的「棉花資料洩露」事件都說明，少數官員將自己出賣給了製造商與華爾街的經紀商。

想想那些負責公共資金的官員，他們所負責的是神聖的資金，但這些人卻占為己有，不僅將窮人辛辛苦苦積攢起來的錢拿走，也將那些薪水是美國總統兩倍高的人那裡挪用金錢，與此同時，他們把那些窮人辛苦積攢下來的錢用於給自己的親屬發高薪，過上舒適的生活。想像一下，讓一個人品格有問題的人管理數十萬美元的鉅款，利用信託基金去操控股市，謀取個人利益的行為所帶來的後果吧！

在美國歷史上，還有比這更讓人感到恥辱的事情嗎？人們之前試過被他們所敬仰、愛戴的人如此無情地背叛嗎？在美國歷史上，還從未出現過高層人士如此厚顏無恥地盜竊人們財富的行為。

一年前，這些人無論到哪裡都受到人們熱烈的歡迎，給予他們掌聲。幾個月前，我看見他們中的一個人，當時是在白宮的接待會上。多年來，他一直是大眾所愛戴的一個人。

他被很多賓客認出來，獲得了與總統一樣多的關注度。人們似乎覺得，能夠引薦與他認識是一種榮耀。但是現在，他幾乎不敢出現在大眾面前，害怕別人發出的噓聲。

對於那些在過去二十五年早已家喻戶曉的人物來說，不得不辭去機構託管人或是主任的職務，就是因為害怕這些人之前過高的名聲會產生不良的影響。

當一個人失去了自身最為寶貴、神聖的東西時，還剩下什麼呢？當他失去了自信與同胞們的愛戴時，又還有什麼呢？難道金錢裡有什麼美好的特質能彌補這樣的損失嗎？難道還有什麼比朋友或是同事的信任與愛戴更加珍貴與神聖的嗎？

那些除了看重金錢或是物質財富之外，沒有其他追求的人並不是一個真正的人，因為他所接受的教育還沒有將他身上野蠻的氣息消除掉。要是一個人以不誠實的手段賺錢的話，那麼他能力越強，錢賺得越多，我們越會鄙視他，因為他所做的一切與人們對他期望所做的形成了巨大的反差。

無論從事什麼職業，無論你是賺到錢還是虧了錢，無論你是富人還是窮人，這個世界對你的要求就是，你要成為一個真正的人，只有成為真正意義上的人才能讓我們的成就具有價值。你不能讓自己的成功充滿瑕疵，你不能讓別人說：

「布蘭科先生是賺到錢了，但他的行為有汙點。他使用欺騙的手段，這讓他失去太多東西了，他用自己的為人氣概來換取了金錢。」

每個人都有能力保持自身的力量 —— 自身的氣概 —— 無論在任何情形都讓自身品格處於安全的位置，只有我們自己才能動搖這樣一種力量。要是他不主動投降的話，任何事情都不可能侵占他的「大本營」。誹謗、中傷或是金錢上的失敗都不能讓他失去這麼神聖的東西。

無論人們在私人或是公開場合，都應該讓自己的臉龐與舉止顯示出身上有某些東西是永遠不能用金錢出售的 —— 某些東西太神聖了，它會將任何稍微放縱的行為視為一種不可原諒的羞辱。他所散發的氣質甚至讓所有人不敢在他面前談論這樣的事情或想著去賄賂他。

內戰期間，即便是最腐敗的人都不曾想過要去用金錢賄賂亞伯拉罕·林肯。林肯臉上的面容彰顯出某種氣質會震懾那些品格最堅強的人。誰夠膽去賄賂我們現任的總統呢？

很多人之所以失敗，就是因為他們在成為商人、律師、製造商或是政治家之前，沒有成為一個真正的人，因為對品格的追求不對他們的人生產生主要影響。假如你首先不是一個真正的人，如果在你寫的書、所作的布道演說、法律辯護

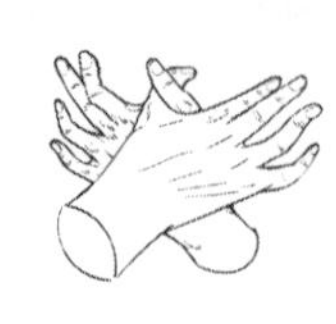

或是所做的商業交易等背後，你不是一個真正的人 —— 如果你未能超越金錢的誘惑，那麼這個世界就會揭露你的面具，讓你的成功變得一文不值。無論你死後留下多少財富，歷史都會淹沒對你的記憶。

這就是最近所揭露的讓人震驚的醜聞給我們帶來的深刻教訓。很多人的名聲都迅速地消融了 —— 很多人失去了大眾的愛戴 —— 因為他們從踏上工作旅途的時候就未能做到一個真正的人。他們品格的基礎存在缺陷，因為他們所構建這幢大廈在公共憤怒的洪水中轟然倒塌。這些身處高位的罪犯開始意識到，任何的詭計、才智、天才、謀略、精明與欺騙都不能替代為人氣概的地位，也不能取代個人誠實的位置。

在當今的紐約，不少人的名字讓人充滿敬意，他們願意為自己清白的人生紀錄付出所有金錢 —— 要是他們能夠消除過去所有骯髒與不道德的交易，重新開始的話。但是，即便是耗盡所有金錢都不能買回好的名聲。名聲超越財富，也超越紅寶石的價值。

今天，很多身處高位的人惶惶不可終日，深怕自己的醜聞會被曝光，讓大眾知道本來的面目 —— 害怕大眾透過他們偽裝的面具看到真實的他們。這些人就好比時刻走在火山口上，不知道什麼時候火山會爆發，將他們淹沒，那樣的感覺估計也只有他們才知道。

有一樣東西是金錢或是影響力都無法買到的，那就是心靈對錯誤的行為或是非法交易的認同。這樣的感覺會時刻泛起心頭，提醒你過去的偷竊行為，提醒你的不誠實，讓你知道不正當地獲取利益。這樣的感覺會讓你失去人生的快樂，就像是班柯的鬼魂[03]，在你每次想要享受大餐的時候都會出現。

我認為，最近那些被曝光的人物之前一定會經常做著怪異的夢甚至是可怕的噩夢，因為他們非法的勾當讓那些窮苦人們的鬼魂不斷纏繞著他們，讓其一刻不得安寧。我認為，他們肯定會做一些奇怪的夢境，因為他們所囤積的金錢原本是給寡婦與孤兒們的，現在卻被他們用於享受奢侈的生活與娛樂消遣——他們肆意揮霍著非法所得的金錢，讓那些信任他們的人過著悲慘的生活。

那些金融巨鱷在法庭受審時，身體不斷地扭動，彎著身子搖擺，不敢直面別人的目光，千方百計想著如何逃避真相的敗露——妄想著不讓自己的醜行敗露——他們這群人的形象是多麼可悲啊！

誰也不應該讓自己身處一個必須要掩蓋什麼或是害怕說出真相的位置上。每個人都應該這樣做，抬頭挺胸，直面別人的目光，沒有一絲畏懼。

---

03 班柯是莎士比亞悲劇《馬克白》中人物， 被馬克白下令殺死，後以鬼魂顯靈，使馬克白露自己的罪行。

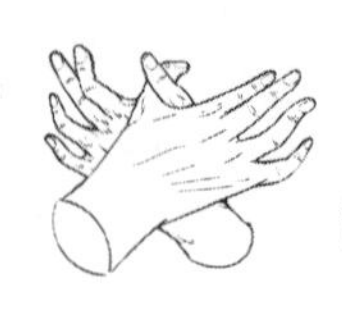

第十七章　有瑕疵的成功

在上次總統大選前，一個人去找羅斯福總統，跟他說有人發現了一封信，要是這封信公之於眾的話，肯定會極大地影響他的公眾形象，只要總統能使用一些手腕，那麼這封信不好的一部分就不會被曝光。在聽完這個人的話後，我們這位偉大的總統說：「我從未寫過一封信是我不敢公之於眾的。讓他們去印刷出版這封信吧，全部印刷出來都沒關係。我沒什麼可隱藏的。我對之前所做的一切事情問心無愧。」

我們的公眾人物有幾個能有這樣的態度呢？

在這個美好的國度裡，我們的參議員或是眾議員，幾乎在每層的立法機構裡，選票與影響力都是可以用金錢去購買的，所有的榮譽都是可以開價的，這難道不是我們的恥辱嗎？

要說什麼是身處高位之人所值得自豪的，那應該是年輕人滿懷尊敬地將你視為他們的偶像或是英雄。當年輕人發現他們偶像的光環被打破，他們的英雄背叛了他們，他們的思想變得模糊與扭曲，這難道不讓人感到遺憾嗎？當他們在看到別人可以用非法的手段在短短幾個月內賺大錢，他們就會拋棄了過去那種慢慢賺錢的老方法，這難道不讓人遺憾嗎？他們看見一些幾年前還是做小職員的人，現在都開著豪華的汽車，住在舒適的房子裡，他們的內心失衡了。為什麼他們要受此感染，也想著去做相同的事情呢？

那些身處高位不謀其政的人，如果你能活到瑪士撒拉[04]那樣的高齡，即便你從現在開始每天做善事，拿自己的金錢去做慈善，也不能彌補你在很多年輕人心中那破損的形象，再也不可能成為他們的偶像了。當這些年輕人以後像你現在一樣身處高位，一樣做著你這樣的破事，你覺得自己能夠逃避自身的責任嗎？他們之前認為你是憑藉著公平交易、為人誠實與正直才取得成功的，但你卻是靠非法的勾當賺錢的，靠欺騙別人的能力，靠你掩蓋醜聞的能力，過著這樣雙面人的生活。要是這些年輕人的品格出現缺陷，難道你能逃脫你之前醜陋的行為動搖他們對人性的信任的這一責任嗎？

但是，年輕人啊，你們也不要失去對人性的信任 —— 不要讓那些走下神壇的偶像動搖對你對同胞的信心 —— 因為絕大多數人是誠實的。讓最近一系列曝光的醜聞更加堅定你去在構建上層建築時，將公平與正義作為你的基礎。讓你身上的氣概在你每次所做的事情中展露出來，無論這些事情是大是小，或是看起來多麼無關緊要，你都要有所堅持。努力去實現夢想，保持自己良好的名聲 —— 不要為金錢而折腰。要是你多拿了不該拿的一美元，也會讓你所有的財富顯得毫無價值。

要是這個世界有什麼讓人覺得可悲的情景，那就是一個原本有執行力、遠見與智慧的人可以乾乾淨淨地賺錢，卻利

04　歷史上的高齡人物，以長壽著稱。

第十七章　有瑕疵的成功

用自己的才智去賺骯髒的錢——這樣的金錢讓他不斷自責，給他與他的家庭帶來永遠的恥辱。

做正確的事，這句話應該震耳發聵，讓每個人都能聽到。無論你從事什麼工作或是與誰打交道，都不能聽從那些錯誤或是低俗的建議。

人有兩種目標，一是為了賺錢，另一個是為了人生成長。一些人將他們能力、所接受的教育、健康與精力都用於追求第一個目標，並稱自己成功了。追求第二個目標的人則注重培養品格、能力、助人為樂與成長——有時，世人將他們稱為失敗者，但歷史將他們視為成功者。任何代價都換不來良好的名聲。

你所能給這個世界最高級的服務，你所能做的最偉大的事情，就是讓自己成為一個最圓滿、最公正與最宏大的人。沒有比這更大的名聲，沒有比這更大的成就了。

第十八章
遠離貧窮

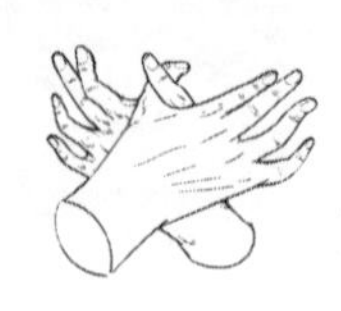

第十八章　遠離貧窮

「那些不幸成為富二代的人在人類歷史上幾乎都背負著沉重的包袱，」安德魯·卡內基說。「絕大多數的富二代都成為了財富的奴隸，過著毫無意義的生活。貧苦的孩子根本不需要懼怕這樣一個階層的人。合夥人的兒子絕不會成為你（出身貧窮的孩子）的障礙，但要小心那些出身比你更加貧窮的孩子，那些父母無法供他們上學的孩子，不要讓自己站在看臺上，看著這些人從你身邊超越。注意那些從高中畢業後就不得不直接工作的青年，留心那些一開始在辦公室掃地的人，他們可能才是最終賺取財富與贏得掌聲的人。」

為了擺脫貧窮而不斷奮鬥，這是鍛鍊我們品格非常好的一種方法。要是每個人出生都含著金湯匙——那麼，人類將依然處於起初始階段。要是這個國家的每個人都出身富裕之家，我們將身處在一個黑暗的時代。我們這片大陸的大部分資源將無法得到開發，金子依然在礦山裡，大城市依然在森林與露天採礦場裡。文明的發展要歸功於很多人為了擺脫貧窮而不斷做出的努力，我們本來就要付出自身最大的努力去贏得渴望的東西。倘若不是身處在最匱乏的生存環境下，人是不可能發揮最大的努力去謀生的。正是為了維持生計與改善生存環境的想法逼迫著我們不斷前進，讓人類的發展充滿了力量。歷史上充斥著很多失敗的富二代，另一方面，歷史上有很多出身貧窮的人卻因為環境所迫而取得了輝煌的成就。

只需稍微瀏覽一下我們國家的歷史，就會發現每個領域的成功人士一開始都是窮人孩子。班傑明·富蘭克林、亞歷山大·漢密爾頓 (Alexander Hamilton)、安德魯·傑克森 (Andrew Jackson)、亨利·克萊、丹尼爾·韋伯斯特、亞伯拉罕·林肯、賀拉斯·曼 (Horace Mann)、喬治·皮博迪 (George Peabody)、尤利西斯·S·格蘭特、詹姆斯·A·加菲爾德 —— 這些只不過上一代著名的幾個人而已 —— 他們都是從匱乏的環境裡奮起，取得成功的。今天這個時代，那些最為成功的人士都是從貧窮與匱乏的環境下熬過來的。我們著名的商人、鐵路公司董事長、大學校長、教授、發明家、科學家、製造商、政治家 —— 幾乎在人類涉及的每個領域 —— 大多數人都是因為生活所迫而不得不要去努力，發揮自己最大的努力，去改善生存狀況。

一個出生並成長在富裕之家，喜歡依賴別人，從未試過為自己的麵包去努力的年輕人，從小就一直備受別人呵護，根本沒有鍛鍊與發展自身的吃苦耐勞的能力。相比於那些歷經風雨洗禮，一點點往上長大的「橡樹」來說，他就像是森林深處的一株小樹苗。

力量源於我們克服困難後的一種能量，巨人是在不斷與困難進行較量後才成為巨人的。要是我們不去努力克服困難，不去鍛鍊自身的品格，是很難有所作為的。「沒有考驗的生活，人只不過是活了一半而已。」

品格的力量是在我們戰勝困難後才獲得的。生活就像一個巨大的體育館，那些只想著坐在凳子上看別人如何在雙杠或是其他運動器材上運動的人，是不可能鍛鍊自身肌肉與持久力的。一位父親在兒子坐下的時候，親身示範說明不運動是不可能鍛鍊肌肉的。只有當兒子不斷使用啞鈴或是滑輪等器材進行鍛鍊，他才會變得慢慢強壯起來。很多父親自己去參加鍛鍊，而讓自己的兒子卻坐在舒適的椅子或是沙發上，只是看著這一過程。他們竟然還感到奇怪，為什麼他們的兒子體質會那麼弱，身上沒有一塊肌肉。

讓人始終不得其解的是，為什麼那麼成功人士為自己感到自豪，認為自己從小生活在一個能激發他們動力與前進的環境，認為這樣的環境鍛鍊了他們獨立自主與艱苦奮鬥的特質是非常幸運的一件事，但卻不願意讓兒子體驗之前自己體驗過的生活。這些父親想要給兒子提供種種便利，卻讓他們更難獨立，這真是讓人覺得奇怪。因為這些父親將孩子鍛鍊與發展的最強動力都剝奪了，讓孩子不需要像他以前那樣艱苦奮鬥，不需要為了錢去努力，而是躺在金錢堆裡成長。

一位著名藝術家在被問到跟他學習藝術的一名學生能否成為著名的藝術家時，他回答說：「不可能，永遠不可能。他一年的收入有六千英鎊。」這位藝術家深知自己在克服重重困難時付出的巨大努力，而要想在財富充裕的時候繼續鍛鍊自己的為人氣概是多麼的困難。

不知有多少年輕移民在來到我們國家時，對我們的語言一無所知，舉目無親，身無分文，但最終卻能成為重要人物，獲取財富，讓成千上萬原本在美國居住、接受過良好教育、充滿機會、最終卻又無所成就的年輕人無地自容。

我記得一位移民過來的年輕人，在來到美國很短的時間裡，就完全憑自己的能力爬到了一個非常重要的位置，他是自我教育、自我訓練與極為自律的典範。他不斷發展自己，培養了一種強大、積極的品格。他將自身潛能挖掘出來，慢慢改善自己的弱點。他將心靈與特質中那些會讓他感到尷尬或是阻擋他進步的東西都剔除了，激發了他更大的前進動力，讓他的未來充滿無限的可能性。他是美國夢的一個勵志例子，給所有那些以自身貧苦為藉口而拒絕奮鬥的年輕人上了一課。

我絕不是宣揚貧窮所帶來的美好，並將它視為一個定局。貧窮本身是毫無價值的，除非它能作為我們出發的起點。貧窮就像是體育館裡的運動器材，用來鍛鍊人。貧窮本身是一種詛咒——奴役——但擺脫它則是很偉大的事情——要是我們能夠誠實與認真地做——就能將真正的自我喚醒，讓我們成為巨人。

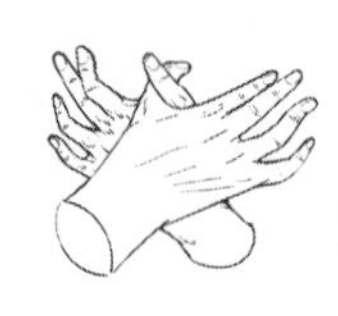

第十八章　遠離貧窮

在我們努力掙脫貧窮的枷鎖，通往富足的道路上，我們總能收穫更為寶貴的東西 —— 我們不僅維持了生計，讓自己擁有了競爭力，也在與貧窮的戰鬥裡讓自己變得更加強大，這要比我們所得的金錢與財富更加重要。

格羅弗·克利夫蘭（Grover Cleveland）曾經是一位年薪只有五十美元的貧窮小職員，在談到貧窮的生活對他的發展時，他說：「沒有比適當的目標與貧窮所帶來的艱苦更讓鍛鍊我們的心智，刺激我們不斷向前，成為真正的男人。」

正是那些最為拚搏努力的學生才從貧窮的環境裡鍛鍊了自律，收穫了最多的東西。那些「天生就是學者」的孩子只需要讀一遍就能通過考試，根本沒有那些對知識如飢似渴的學生那樣學到一半多的知識。一般來說，那些每個月都有固定生活費或是自己的欲望都能被父母滿足的學生，都無法在大學時完全利用好自己的機會。相反，那些不得不要靠自身努力奮鬥，自己要為每一分錢付出的汗水的學生，肯定會倍加珍惜來之不易的機會。

要是年輕人不需要為生計去工作的話，他會怎樣做呢？ —— 如果他不需要為了得到自己想要的東西而盡全力的話呢？如果他已擁有所有的一切，那他為什麼還要繼續奮鬥呢？在十萬個有錢人裡，不會有一個願意繼續與貧窮奮鬥，與維持生計的行為戰鬥，只是想著鍛鍊自己的品格，讓自己成為更加強大的人，但他會處於自私的原因去做 —— 去滿足他的野心，去獲得他想要的東西及他所愛的東西。

「我不會浪費對窮人孩子的同情心，」美國參議員 J.P. 多利弗 (J.P. Dolliver) 曾這樣對一個窮小子說。「要是我有什麼同情心，我也會給那些出身於富家的孩子。如果你有十萬美元，給自己的孩子讓他去創業，他是不會去做的。我建議讓那十萬美元與那孩子分開來。亞伯拉罕·林肯出生在小木屋裡並沒有讓他的童年過著國王般的生活，但他比國王過得更好，因為他成為了一個真正的男人。」

意識到自己不用奮鬥就能擁有美好未來的男孩說：「每天那麼早起床去工作幹嘛啊？我有這麼多的錢，足夠我活一輩子了。」於是，他在床上轉過來，又睡了過去。而那些身無分文的男孩則感覺到生存的壓力，必須要強迫自己起床。他知道，自己除了努力奮鬥之外，沒有別的辦法了。他沒有任何人可以依靠 —— 也沒有誰會幫他。他知道自己要麼一無所有，要麼乖乖起床，為自己過上美好的生活而奮鬥。

因此，大自然是精明的。它讓那些想要獲得最多的人因為生計而奮鬥，最終推動了文明的進步與人類的發展。他最終所獲得地位相比於他所成為的人來說，根本不值一提。

自然不願意為什麼付出怎樣的代價呢？它會讓人餓其體膚，空乏其身，苦其心志，增益其所不能，人們在奮鬥途中

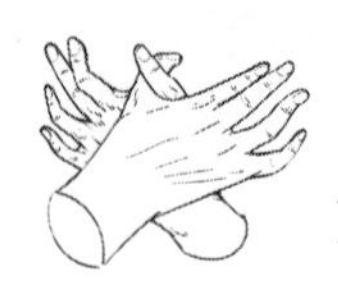

第十八章　遠離貧窮

所得到的金錢與財富只不過是附屬品而已。自然看重的是我們成為怎樣的人，而不是那些金錢。它願意為那些人類中的「巨人」付出一切代價。

第十九章
人生之遠景

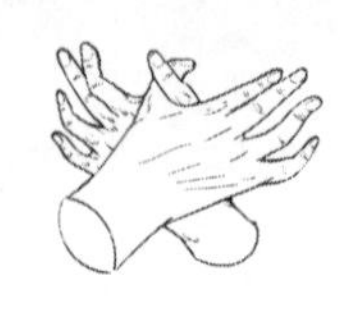

第十九章　人生之遠景

「如果你與一個真正有才能的人展開真誠的交談，不論你多麼敬佩他，他始終都會覺得自己還遠遠沒有實現心中的目標。那個更為美好與漂浮的理想，難道不是造物者許下的永恆諾言？」愛默生這樣說。

一個人自由地徜徉於理想之中，這是一種榮耀與極大的特權。我們每個人都有屬於自己的理想，這個理想可能通往山頂，讓人超脫於現實的桎梏，也可能是一個毫無價值與低俗的理想，讓人停滯不前，墮向不可知的深淵。「人之所想，人之所為。」

迪恩·法拉爾[05]說:「如果我們能看到未來的顏色，那麼，我們現在就必須要看到。如果我們想注視命運的星辰，就必須要在自己的心中找尋。」

約翰·彌爾頓[06]在兒時就夢想著有朝一日可以寫就一篇史詩般的詩歌，不被滾滾的歲月所湮沒。兒時這個虛無縹緲的夢想，在青年時期已經變得堅不可摧。他透過學習、旅行，走過了艱難的歲月，直至成年。這個人生的遠景始終留在他的心坎裡。耄耋之年，雙眼失明， 詩人終於實現了自己兒時的夢想。洋溢著英雄氣概的《失樂園》的詩歌，穿過了漫漫

---

05 Dean Farrar (1831-1895)，英國著名牧師。

06 John Milton (1608-1674)，英國詩人、政論家，民主鬥士。代表作《失樂園》等。

的歲月的洪流，至今仍為人們傳誦，「仍舊指引著最高的夢想」，這位不朽的詩人在淺唱低吟著。正是這個夢想，讓他超越了布滿陰翳的生活。

愛默生[07] 在給年輕人建議時這樣說：「心中要有一顆指引的星星。」他並不是說，我們要將目標定得太高，以致成為水中月、鏡中花。我們要將理想看做是一顆星星，時刻在寂寥的晨空中熠熠閃光，讓我們不斷前進，昇華我們的品行。當我們撇開所有物質上的追求，或是世人眼中成功所謂的標準，我們的第一個理想就要擁有高尚的品格，讓不斷追求完美的神性駐足心間。祂發出神諭：你要追求完美，因為在天國的天父也是完美的。只有理想的品格才能收穫真正的成功，而不論從事什麼追求。查理斯．舒姆納（Charles Sumner）說：「心中要有不息的理想之火，並非一定是要成為一名著名的律師、醫生、商人、科學家、製造商或是學者，而是要成為一個好人，做最好的自己。」我們的理想，我們的希冀，就是我們未來命運的預言者。

嚮往光明的善男信女們，長存著希望。這種向上的激情就好像一些樹，有著對陽光天生不可遏制的渴求，讓它們衝破層層阻礙，勇往向前，以一種迂迴的方式漸次上升，繞開一切阻礙，向上爬呀爬，最終到達頂端，俯視著整片森林，仰起驕傲

07 Ralph Waldo Emerson（1803-1882），美國思想家、文學家，詩人。

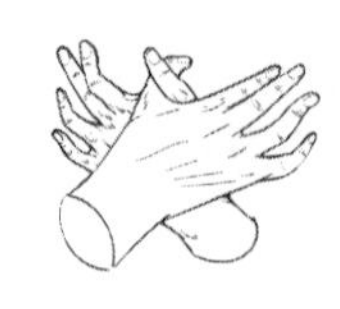

的頭顱，在清新的空氣中，沐浴著陽光，愜意地搖擺。

崇高的理想與果敢的決定是推動世界前進的重要動力。若是沒有了理想與果敢，到哪裡去找偉大的藝術家、傑出的詩人、音樂家、雕刻家、發明家或是科學家呢？諸如南丁格爾[08]、李文斯頓[09]、莫德．巴靈頓．布斯[10]或是喬治．穆勒[11]等將畢生精力奉獻給人類的博愛者將難以尋覓。

崇高理想之人是人類前進的守護者。他們不畏艱險，彎著腰，不顧額前的汗水淋漓，一代一代地前仆後繼，將荊棘劈開，鋪就一條康莊大道，讓歷史進步的車轍飛速奔跑。

理想主義者是充滿想像力、富於希望、洋溢著生氣與能量的。他能看到未來的願景，勇於夢想，生活在一個充滿希望、幸福的世界，不斷散發著活力。正是他們，讓煤炭為人類服務。

對於理想主義者而言，他們就好像「大西洋沖刷海岸時所散發出的泰然與從容」，讓平淡的生活漾起波瀾的，正是背後那股「潛藏的力量」。

08　Florence Nightingales (1820-1910)，世界上第一個真正的女護士，開創了護理事業。

09　David Livingstons (1813-1873)，蘇格蘭公理會的先驅者。

10　Maud Ballington Booths (1865-1948)，美國救濟會領袖，創辦了全美志願者機構。

11　George Muller (1805-1898)，基督教福音主義者。

埋掉一塊卵石，它將永遠地遵循萬有引力定律。埋下一顆橡子，它將遵循一種向上的法則，不斷地向天進發，橡子裡潛藏的能量戰勝了地球的誘惑。所有的動植物都有一種向上跳躍與攀爬的趨向，大自然向所有存在之物的耳旁低聲細語：「嘿，記得向上啊！」而作為萬物之靈的人類，更應有一種「欲與天公試比高」的氣概。

卡萊爾[12]說：「可憐的亞當所希冀的，並不是品嘗美味的食物，而是去做高尚與富於價值的事情，以一個上帝子民的名義實現自己的潛能。指引他如何去做吧，最讓人煩悶無聊的工作，都將燃起團團激情之火。」

菲利普斯．布魯克斯[13]說：「悲傷是難以避免的。當我們全然滿足於自己的所處的生活、自己所做的行為、自己所想所思；當我們不再需要時刻在靈魂的大門上敲打，驅使我們為著自身更為高遠的目標奮鬥時，原因很簡單，我們是上帝的孩子。真正理想的生活在於一種圓滿，彌漫於生活的每個角落。在事物的表象之下，仍能感受到應有的跳躍。」

喬治．艾略特[14]說：「當我們充實地活著，是不可能放棄對生活的盼望或是許願的。生活中總有一些讓我們覺得美好

---

12 Thomas Carlyle（1795-1881），蘇格蘭散文家和歷史學家。

13 Phillips Brooks（1835-1893），美國教士與作家。

14 George Eliot（1819-1880），英國作家。

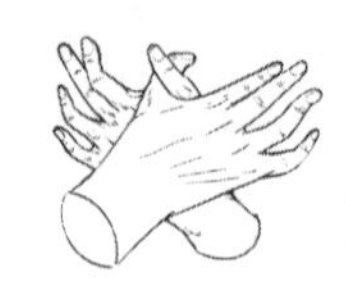

與善良的東西，值得我們為之去追尋。」

「人們永遠也難以達到心中理想的標準，」瑪格萊特·福勒·奥所利[15]說。「正是不朽的精神讓這個理想的標竿越來越高，讓我們不斷地前進，直至浩渺的未知遠方。」

理想是激勵我們前進不竭的源泉。沒有了理想，任何方向的前進都變得不可能，反而帶來深深的失落之感。金斯利[16]說，世上唯一讓人難以原諒的懦夫行為，就是放棄努力。讓自己時刻冥想，而不親自努力去嘗試。讓我們以一種盡善盡美的態度去營造我們的靈魂的寢室，仔細地做好計畫，有序地實現心中的理想。

我們切不可誤認為，真正實現理想的人生，只是屬於那些在世上成就了驚天動地偉業的人。一位女裁縫從早到晚在穿針引線，以自己的努力養活家庭，貧窮的補鞋匠坐在長凳上認真忙活著。與那些偉人相比，他們也是在真切地實現著自己的理想。

奥利弗·溫德爾·霍姆斯[17]說：「一個人所處的位置並不是最重要的，他所前進的方向才是最緊要的。」這就是我們所要為之苦苦追求的理想。真正構成你生活基調的，並不是

15　Margaret Fuller Ossoli (1810-1850)，美國記者、評論家。

16　Kingsley 查未詳。

17　Oliver Wendell Holmes (1809-1894)，美國作家、演說家、作家。

你所做的工作，而是你所具有的精神狀態。不論你的工作或是地位是否卑微，你仍可做到最好的自己。

從一開始，我們就該認真地捫心自問：我們的理想是什麼呢？我們的步伐指引到何處呢？一個低俗與志趣不高的目標，只能獵取一個「生活中尚值得尊重的位置」。

每個人的靈魂之中隱藏著上帝的某些理想。在生活的某個時段，我們每個人都會感受到一種震顫，一種對美好行為的嚮往。生命最為高尚的清泉，隱逸於做到最好衝動的背後。

也許，在今日的美國，最為時尚，最為流行的字眼，非「成功」二字莫屬。這兩個字充斥著所有的新聞報紙與雜誌，讓社會各個階層的人為之狂熱 —— 這兩個字讓人們鋌而走險，將所有的不良行為歸咎於此。美國的孩子從小就接受這種教育，對「成功」更是到達了頂禮膜拜的地步。成功是人們生活中「一切的一切」。在這個詞下面，掩藏著許多人類的罪惡。許多美國年輕人學習的楷模，就是那些身無分文隻身到芝加哥、紐約或是波士頓這樣的大城市闖蕩的人，來時口袋空空如也，死時腰纏萬貫。年輕人將這些人視為成功的榜樣，但是，為什麼不呢？他們看到這個世界都是圍繞著金錢而轉，而對他們做什麼或如何獲取金錢一概不管。一個人在死時，倘能留下百萬家財，不管他生前是如何賺取，如何

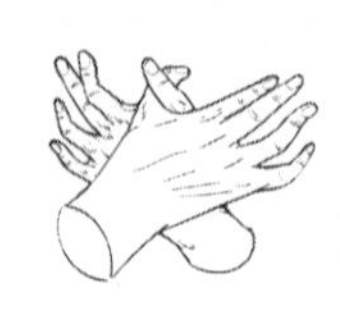

揮霍或是如何積攢，也沒人會去問一句，這個人是否富於才華，視野廣闊，品格是否高尚抑或狹隘、卑鄙甚至邪惡；人們仍會將他的一生歸結為成功。不論此人生前是否想方設法壓榨員工，讓自己的財富建立在別人貧窮的基礎之上；不論他是否覬覦鄰居每寸土地，千方百計地搞到手；不論他的孩子在心智上道德上存在嚴重缺陷，讓自己的家庭遭殃；假如他能留下百萬家財，人們仍會將他的人生視為一種充滿勝利的人生。這種在民間傳揚的成功哲學，讓那些呶呶學語的孩子們耳濡目染，也就不足為奇了。

千萬不要教會年輕人將成功視為獲取財富或地位視為幸福生活的唯一條件。

許許多多的善良的男女，他們原本想致力於服務他人——努力幫助老弱病殘——但在現實生活中，他們卻沒有機會讓自己接受教育或是變得富有。其實，即便他們按照世間成功的標準成功了，也是難以保證就可高枕無憂了。許多窮苦的女人，在病房裡度過人生或是做著卑微的工作，但她們所達到的成功，遠比一些百萬富翁更為高尚。

不要嘗試去追尋難以企及的目標。努力去發展自己，這是在你能力範圍之內的，但是沒有必要強求自己去做自身辦不到的事情。許多人都會有被這樣的幻覺迷惑的經歷，將目標定在自己能力範圍之外，完全超出了自身執行力之外。你可能對於自身才華或是能力充滿信心，但一個前提就是要有寬廣的自我教育基礎。

一些年輕的男女初涉社會之時，將理想中的成功僅限於財富的累積或是做一些讓人們為之鼓掌的事情。這是讓人倍感遺憾的。因為，按照這種標準行事，許多人必將是生活的失敗者。

後生之輩，若能多與品格高尚者多加接觸，耳濡目染，亦能獲益匪淺。父母、朋友、老師不僅是孩子們模仿的對象，更是會對他們形成高尚的理想產生重要的作用。他們可向孩子們推薦優秀的文學著作，以一種凡事做到最好的激情來激勵他們。家長與老師在引導年輕人樹立遠大志向上，具有難以估量的作用。

無論怎樣，朋友、夥伴與榜樣的作用是巨大的！誠然，我們所交的朋友受環境所制約。因此，我們在自己能力範圍之內，小心擇友。

據說，杜格爾德·斯圖爾特[18]將愛的美德灌輸給了幾代的學生。已故的科伯恩爵士[19]曾說：「對我來說，他的演講就好像打開了通往天國的大門，我感覺自己擁有了一顆靈魂。他那深遠的見解緩緩流淌於充滿睿智的句子之中，將我帶到了

---

18 Dugald Stewart（1753-1828），蘇格蘭哲學家。

19 Lord Cockburn，生卒年不詳。

一個更為高遠的世界，全然改變了我的習性。」

每個學生不大可能去挑選自己喜歡的老師，但是每個有靈性的學生，都可以選擇與自己志趣相投的人交往。

一個人的理想或是生活方式，是一條牢牢標記一個人視野的繩索。只要理想與生活方式不發生變化，一個人的心智或是生活就不會有多大的波瀾。伊莉莎白．斯圖爾特．菲爾普斯[20]在著作《艾理斯的故事》中寫到一個人對「杯形糕餅有著強烈的興趣」。她想讓所有認識她的人都有一種著迷的感覺，地面上鋪就的辮子型的地毯也是她的一個理想。她做好家務，而在閒置時間裡，則是專心於用各種顏色去將各種各樣的鳥類或是動物，甚至是將一些根本不存在的動物繡在地毯之上。她沒有時間去進行閱讀，參與丈夫與孩子們的消遣與遊戲，也沒有時間去感受時代變遷的脈搏。她的人生，正如其理想一樣，相對而言是微不足道的，狹窄的，沒有給孩子留下一個好的榜樣，沒有給丈夫一個好的陪伴，以及為自己的發展提供空間。

沒有遠大的志向，我們就像老鷹難以展翅。我們應該展翅翱翔，志向就是讓我們「乘風破浪，雲遊四方」的雙翅。沒有理想，我們只能在低空盤旋。克利勒博士曾說，達爾文關於老鷹翅膀進化的過程是富於建設性的，老鷹向下俯衝的

20　Elizabeth Stuart Phelps（1844-1911），美國自傳作家。

欲望在有翅膀之前就有了。經過漫長歲月的演進與適應自然，最後擁有了一對強有力的翅膀，雙翅展開，足有 7 尺之長，讓它隨心所欲地向天際翱翔。這帶給我們的教義，就是每一個有意義的試驗與進取意圖都是前進的一部分，每次嘗試都讓老鷹的翅膀更為堅韌。

若是失去了對卓越的追求，最高尚的品格都會逐漸墮落。因為，這是所有品格的支柱。對卓越的渴求是上帝的聲音，催促我們不斷完善自己，唯恐我們忘記了上帝的恩賜，再度淪落為一種野蠻的狀態。這一原則是人類不斷進步的重要推動者，上帝的聲音響徹於人的肺腑之間。正是這種聲音在我們每次行為中，輕輕呼喚出「對」與「錯」。當造物者按照自身的影像塑造我們時，我們最高的理想亦不過是上帝賜予的這份禮物。

喬治 · A · 戈登牧師[21]說過：「良好的品行可能會受環境的影響，但是良好品格本身是不會從遺傳中獲得的。這是以每個人行為的一針一線編織的美麗的織物，以期望與祈禱來構築。理想的願景，果敢為人，希冀與人能有一個更為公正的關係，能與上帝愉悅地交流。正是這些特質，讓到處充滿稜角的社會散發出金子般的光彩，這與我們忠誠與遠大的志向是分不開的。」

---

21 Rev George A.Gorden ，美國演說家，生卒年不詳。

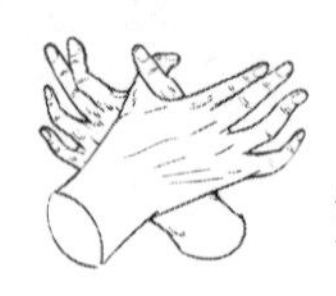

第十九章　人生之遠景

讓自己的人生按照一個完美或是殘缺的模子去塑造，這完全取決於你。若你聰明地作出抉擇，然後堅持不渝，你將成為一個高尚的人。

第二十章
道德的勇氣

第二十章　道德的勇氣

「我原本以為你會因為恐懼而不敢走這麼遠的路程呢。」納爾遜 (Vice Admiral Horatio Nelson) 的一位親戚發現他已經離家很遠了。

「恐懼？」這位日後的海軍將領說：「我都不知道恐懼為何物？」

約翰·潘德頓·甘迺迪曾擔任過美國海軍部長。在他 15 歲那年，1812 年的戰爭就已經箭在弦上，一觸即發了。當時，甘迺迪已經下定決心，一旦與英國開戰的話，他馬上就加入軍隊。但是，心中的一個念頭總是困擾著他，他總是很害怕在黑暗中行走，因為從小就被一些鬼怪故事嚇壞了。為了克服自己這種恐懼，他時常半夜一個人到家附近的廣袤森林裡遊走，直到第二天早上。他一直這樣鍛鍊著自己，直到在半夜兩點在漆黑一片的樹林中感到遊刃有餘，好像是在父親的花園中悠閒地吃著早餐一樣。儘管在一開始的時候，他始終被一些心魔所縈繞，但他一直堅持下去，直到所有那些恐怖畫面全部消失為止。當戰爭開始時，他義無反顧地投入戰場。

沃爾斯利爵士 (Garnet Joseph Wolseley) 說：「要想真切地把握勇氣，我們就必須對懦弱的每個階段都加以研究，這些階段是極為有限的，我們必須要根除心中的一些微妙的心理疾病。」

在他打的第一場仗中，他臨陣退縮，所有的士兵都逃走了。據說，腓特烈大帝（Friedrich Wilhelm II）這位號稱史上最英勇的鬥士，在他人生的第一場戰役中也是撒腿就跑。

也許，給勇氣下一個準確的定義是很困難的。沃爾斯利爵士在寫作時將之稱為「心靈的連鎖反應以及接近身體完美健康的一種狀態」。他接著說：「人的這種美德，遵循著在馬與狗等動物所具有的自然法則。當它們受到越好的馴養，天性就會得到更充分的發揮。而對於一個深受教養的人而言，還有一種具有更高價值的因素在發揮作用。那就是，人可能有一個勇敢的父親或是祖上有許許多多的勇敢的先輩，即使殘酷的命運讓他們的血液裡流淌著羞怯的因數，他們還是會奮起維護人們所常說的『家族的榮耀』。

《聖路易斯環球民主報》曾講到這樣一個故事。17 歲李德登上了得梅因號汽船，前往唐奈爾森堡，將她受傷的母親帶回來。

在汽船出發五分鐘之後，信使就說該船要與其他幾艘船一道前往密西西比河，運載一些士兵來增援在密蘇里州格拉斯哥這一地區的瑪雷根上校。

該船在晚上 10 點半的時候到達了格拉斯哥。士兵們紛紛下船，只讓一個士兵負責守衛該船。在下船登陸時，士兵們受到了同盟軍的猛烈攻擊，被迫退回到岸邊。許多士兵陣亡，還有大量士兵受傷嚴重。

這次襲擊讓船上許多婦女們嚇個半死，還有幾個人昏厥過去了。但是，李德卻英勇地跳下船，處於殺戮的現場之中。

她用右臂扶著一位受傷的士兵，將他抬到甲板上。儘管子彈在耳邊呼呼地咆哮，船上的人都說，你這人傻了是吧！但只見她來回往返沙灘與船上 22 回，每次都將一名受傷的士兵送回。在船再次航行之後，李德幫助醫生救治傷患，她還讓船上那些被恐懼嚇壞了的婦女們撕碎一些東西，用來做止血的繃帶。那晚，她徹夜未眠，照顧著傷患。

船上的供應不足了，每個人的配額也減少了。年輕的李德自己也吃不飽，但她仍然將唯一的一頓飯與別人分享。

翌日早上，昨晚撤退到下游兩里的船重返昨晚的戰鬥現場，又帶回了其餘的死者與傷者。然後，26 位步兵齊刷刷地站在岸邊，軍官們站在船頭上守望者。維特利上校向這位英勇的女生贈送了一匹白馬，而士兵們則齊聲歡呼，表示對這位女生的感謝。

弗雷門德上尉講過一個關於海軍上尉吉利斯的故事。在美西戰爭期間，當吉利斯看到一枚魚雷正朝著「波特」號襲來時，那個傢伙真是一身是膽啊！我必須時刻盯著他，但當時他那個真叫快啊！魚雷的速度很慢，但如果魚雷撞到我們的艦艇，我們也只能命沉大海深處了。他迅速地脫掉鞋子與外套，準備跳下去。我說：「吉利斯，你傻了？你會沒命的？」「長官，我將擰開其彈頭。」他說著的時候，只見他雙臂抱著魚雷，使勁將魚雷推離我們的方向，然後他覺得已經成功了。魚雷的旋塞被擰開了，然後從吉利斯的手臂中沉入海底。這是三年前的事情了，當時他還是一位海軍學員。

一位住在加州的蘇格蘭人，名叫麥克雷格，他也算是一位最好爭辯與最為冷靜的人之一了。某天早上，當他走在回家的路上時，他被一個人用槍指著，大聲地說：「把手舉起來。」

「為什麼呢？」麥克雷格冷靜地回答。

「舉起手來！」

「但我為什麼要舉起手呢？」

「快，把手舉起來。」這位攔路賊堅持著，用槍指著麥克雷格。「快點照做。」

「這要看情況囉。」麥克雷格說。「如果你能告訴我為什麼要舉起手來的原因，我自然會舉起手來。但你只是讓我舉起手，卻不給我一個合理的解釋，這樣我很難接受的。你我素未相識，你憑什麼在大清早在公共大街上叫我舉起手來呢？」

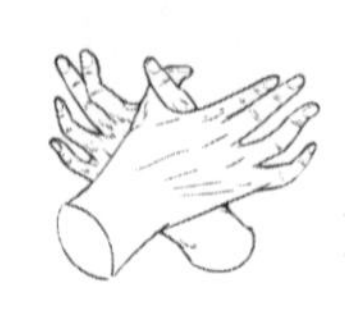

第二十章　道德的勇氣

「快。如果你不乖乖聽話的話，就打爆你的頭。」劫匪有點不耐煩了。

「什麼？大哥，你沒事吧。你還這麼小，就喊打打殺殺了？」麥克格雷以迅雷不及掩耳之勢抓住劫匪手中的槍，瞬間將他反手，拿過他手中的槍。

「年輕人，你跟我鬥，你還嫩著呢！我吃的鹽多過你吃的米呢！順便跟你說一下，你要我舉起手來，只需要走到我前面，用槍指著我，我自然就會舉了。下次記得喔。」

就這樣，麥克雷格將此人押送到派出所，交給員警隊長道格拉斯。

「讓他穿穿緊身衣也不算是一個壞主意。麥克雷格平靜地對隊長說。「我其實覺得他不是很壞，只是有點傻。」

於是，麥克雷格繼續自己歸家的路。

根據特利所說的故事，史蒂文·道格拉斯在當選為伊利諾州最高法院的法官時，年僅 28 歲。當時，摩門教主約瑟夫·史密斯正在受審。當證據不足以將他判刑時，據說一群暴徒衝進了法庭，抓住了史密斯，想要勒死他。在法院外面的院子裡，暴徒們匆忙地搭建好一座絞刑架。當暴徒們衝進法庭，一窩蜂朝著史密斯方向奔去時，道格拉斯法官大聲喊道：「治安官，迅速清場，法院暫時休會。」「先生們，你們必須遵守秩序，否則就要趕你們走了。」治安官是一位身材弱小的人，顯得十分軟弱。而暴徒們對他的話毫不理會，仍然朝著史密斯方向奔去。「法官大人，他們不聽話啊！我也拿他們沒辦法啊。」治安官的如此「坦白」的軟弱更是讓幾個暴徒頭目有恃無恐，迅速跳到被告席，抓住了史密斯。但是，他們都被道格拉斯臨時委任的一位身材魁梧的肯塔基人制止了。道格拉斯對他說：「現在我任命你為法庭上的治安官，你可以挑選自己多位副手。儘快清場，這是法律所允許的。作為本庭的法官，我有權利要求你這樣做，維護法院的安靜氣氛。」這位臨時受命的治安官執行了法官的命令。他迅速找來了六個人做他的副手，他趕走了三位頭目，而副手們則讓其他暴徒從窗戶上逃竄而去。幾分鐘之後，法庭就恢復了原先的平靜。正是道格拉斯的果斷與大膽猜阻止了一場謀殺案，讓嫌疑人能夠得到公正的審判。其實，道格拉斯的做法僭越了法律規定的權力範圍。因為當時原先的治安官也在場，法官是沒有權力去任命其他人取代的。當然，他也很清楚這一點。但在當時的緊急情況下，稍微一耽擱，史密斯就沒命了。他勇於承擔責任，果斷地應對了危機。

君士坦丁堡的塞勒斯·哈姆林以其性格之剛勇而稱著。某天，他看到一位土耳其人在凶殘地用鞭子抽打著一個十歲的男孩。「不要殺我。」男孩哀求道。哈姆林二話沒說，當即用手杖給了這位土耳其人當頭一棒，讓他蹣跚了幾步。四、五個土耳其人見狀，想上前將哈姆林逮住 —— 一位異教徒竟敢如此。哈姆林說：「我毫不畏懼地直面他們。我會將你們每個人打得落花流水。我將前去克羅克。你們看到這個人抽打著這個小男孩，知道這已經違反了法律，竟然不敢吭一聲。」這幾個人聽了之後羞愧地散去了。一天，哈姆林看到一位酗酒的希臘人在大街上殘暴地打著他的妻子，此人的身材要比哈姆林還要健碩。哈姆林說：「我二話沒說，立刻將他打翻在地，在他意識到發生什麼事之前，揍了他一頓，此人被打得在地上直呼：『阿門，阿門。』當我揍累了，就握著拳頭對他說：『下次，還讓我看到你打人的話，我就將你交給警察叔叔。」

這是最近發生的一件事情。一群學生在上學的路上，一個 16 歲的少年在欺負一個大約 12 歲左右的男孩。

突然，這位被惹惱的小男孩將一塊蘋果核扔向那個大個子，大個子當然不服氣了，他狠狠地揍了男孩一下。說：「我要讓你知道，你絕對不能向我投擲蘋果核，你，快把這個蘋果核吃掉。」

這個小男孩躺在地上，發出陣陣的疼痛聲音。他也是有心殺賊啊，但是眼前這個人比自己又大又壯，他的同學也沒人敢上去幫忙。

挨在一處路燈柱下的一個人，按其衣裝來看，絕對是標準的街頭流浪漢。他可謂衣衫襤褸，頭髮蓬亂，他與這群營養充足與穿著得體的學生們可謂是河水不犯井水，他們的生活方式是兩個不同的世界。他的手中還拿著許多還沒售出的報紙，哎，也只能是乾等顧客了。突然間，他把手中未賣的報紙丟在雪地上，箭步衝上前，沿著大街一直跑，他那藍色的眼睛似乎著火了，瘦弱的雙手緊攢著。頃刻間，剛才那位大個子就被他拽住了領口，狠狠地摔在了地上。兩人的身形差不多。

「你媽的，你想打架，有種就找一個比你大的。你這懦夫。有種就找我！有種的話，就去在碰碰那個小孩。」

大個子掙扎著站起來，恐嚇地說：「如果我要打他，誰敢攔我？」

「我！」流浪漢說。筆直地挺立著，標準的就像西點軍校的學員。他挽起破爛的手袖，漫不經心地搖了一下頭，說：「我就站在這裡，看你敢不敢去碰一下他。如果你手癢了，就找一個比你大的人開戰。我告訴你，讓我跟你較量一下。」

「哼。」這個大個子只能這樣，始終不敢與這位「個子與自己一般大」的人較量。

「你就是一個懦夫。懦夫。」流浪漢說。「你沒膽與自己一樣大的人打架。」

第二十章　道德的勇氣

是的，大個子沒有。他口中叨念著，揚言著，最後悻悻地走了，他的同學向他報以譏笑聲。

這個流浪漢繼續回到原先的位置，也許壓根沒有察覺，自己為那位弱小男孩挺身而出的行為中體現了一種極為難得的英雄主義的氣質。

我們有時會談到平常生活中的英雄主義。勇氣所表現出各種形式在平常的生活中都有所彰顯。當出現火災逃離或是被瘋狗追趕時，當一些職員或是路人不顧自身的安危去拯救別人時，這無一不在展現著勇氣。勇氣彰顯於與貧窮或是疾病奮鬥的父母身上，彰顯於他們為了教育孩子所作的不懈努力，只為他們日後能夠在人生道路上有一個更好的起點。他們的這種勇氣堪比那些為國出生入死的英雄們。

世間沒有比道德上的勇氣更為耀眼了。我們要讓勇氣具有道德的基礎，這樣才可能會結出一個富於道德的結果。

沃爾斯利爵士說：「在談到勇氣時，我們就不能繞過我的朋友與好同志 —— 查理斯．戈登（Charles Gordon）不談。他具有一種本能的、篤信上帝與未來人生的勇氣。」正是這種勇氣，讓哈姆林挺身而出，讓那位流浪漢扯進與自身毫無關係的事情。「這個世界所需要的勇氣，很大部分並不是這種純粹的英雄主義。勇氣應在日常的生活中得到展現，就像那些在歷史劃上輝煌一筆的英雄舉動一樣。日常版的勇氣，就要求我們要有誠實的勇氣，勇敢說出真理，勇於做回自己，而不是讓自己成為別人，勇於在自己能力範圍內生活，而不是依靠別人而過活。」

一個不敢真正正視自己的人，不敢將自己的命運握在自己手中的人，只是隨著主流而晃蕩，沒有自己勇氣去堅持自己的主見，這些人就沒有勇氣去追尋自身命運的軌跡。所有這些只有我們自己最清楚，若是這都沒有勇氣去擔當，人是難以真正獲得真正的自尊，遑談成功了。

要是盧梭擁有一種道德上的勇氣，那麼他就可讓自己免於自我折磨的摧殘了！要是那位可憐的戈爾德史密斯 —— 一個才華橫溢同時又懷有一個敏感脆弱的心靈的人，能夠有勇氣將自身的一些虛榮心或是對奢華的追求放棄，那麼，他的人生將大為改觀！道德的勇氣將讓波普擺脫那些瑣碎的愚昧之中。其實，我們只需認識到什麼是真實與正確的，然後抵禦一切讓我們遠離這條道路的誘惑。那麼，我們將發現自己不會再泥潭或是流沙中掙扎不休了。

當別人都屈膝奉承，低頭哈腰時，而年輕的男女仍然挺起脊梁，這是需要勇氣的;當你的朋友們都穿起綾羅綢緞時，而你仍然堅持穿著簡樸的布衣，這是需要勇氣的；當有人不正當地發財時，你寧願誠實地貧窮著，這是需要勇氣的；當別人都人云亦云地說著「是」時，你的一句「不」，是需要勇

第二十章　道德的勇氣

氣的；當別人罔顧一些神聖原則而名利雙收時，你仍然默默地堅守著崗位，這是需要勇氣的。

當世人對我們譏笑、嘲諷、挖苦、誤解之時，我們仍然孑然地屹立著不倒，這是需要勇氣的；當別人大肆揮霍著金錢時，而你仍然謹守著節儉的原則，這是需要勇氣的；那些不敢與手中握著真理的少數人一道，其實就是大眾的奴隸。當大眾的行為有損我們的健康或是道德時，站起來堅決拒絕，這是需要勇氣的。

擁護一項不受歡迎的事業比要比在戰場上衝鋒陷陣需要更多的勇氣。當別人因拘泥於小節地扼殺掉個性時，保持真實的自我是需要勇氣的。請記住，世間所有事情都懼怕一顆勇敢的心，自然會為勇敢者讓路。

「在這個地球上，人類若還有什麼是值得我們讚美與愛戴的話，就只有一個勇敢的人 —— 一個勇於直面魔鬼的人，並且告訴他，他就是魔鬼。」詹姆斯．加菲爾德說。

當格萊斯頓（William Ewart Gladstone）還是一個少年時，他就展現出自身的道德勇氣。他不願意逢場作戲，陪別人喝酒，於是將酒杯倒過來放。若是某人想有所成就或是在某個時代烙下一個印記的話，他就應該勇於擔當。一件發生在格萊斯頓日後人生的故事，更是充分地展現了他對自認為的正確之事的無畏堅持 —— 正是這一特質讓他成為那個時代的巨人。

身為首相的格萊斯頓將一份法案呈交給維多利亞女王，要求女王陛下簽字。但是，女王卻決意不簽。格萊斯頓就與她爭論起來了，試著讓她覺得簽字是她的職責所在。但是，女王仍然不妥協。最後，格萊斯頓以一種威嚴而有謙遜的方式，腔調中帶著一種堅定的語氣說：

「女王陛下，你必須要簽字！」

女王陛下立即被他惹怒了，大聲說道：「格萊斯頓先生，你知道自己以這種口氣跟誰說話嗎？我是大英帝國的女王啊！」

「是的。女王陛下。但我是英國的公民。你必須要簽字。」

女王最終被迫簽字了。而時間也證明了格萊斯頓的據理力爭的必需與合理的。

珍妮 · 林德（Jenny Lind）在斯德哥爾摩曾被要求在週末到王宮裡舉行的一些舞會上演唱。但是，她拒絕了。當國王親自出馬想讓她去助興時，她說：「陛下，還有一個比你更高級的國王呢。我首先要對祂保持忠誠。」

戈登將軍超凡的魅力讓所有人都能感受得到。只要他出現，人們就能感受其氣質。他是一位始終忠於自己最高信念

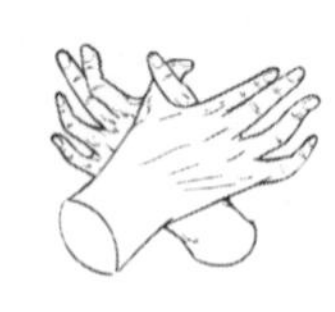

的人。當他在法屬蘇丹時，他總是將一塊白色的手帕掛在帳篷外面。所有人都知道，他在祈禱著。在這些最神聖的時刻裡，他與上帝在一起，不想讓內心受到打擾。

人類最高尚的行為，莫過於堅持心中的正確觀念，遵循上帝以及有益的法則，不管世人贊同與否。

當一位顱相學者觀察威靈頓公爵（Duke of Wellington）的頭部時說：「你沒有被一股動物的勇氣所控制。」

「是的。」威靈頓說。「當我第一次作戰時，我本可以臨陣退縮，但是我堅守了自己的責任。」

詹姆森女士說：「責任要比愛更重要。正是這種永久的法則，讓弱者成為強者。沒有這種責任，所有的力量就會像流水一般，毫無定式。」

伯克（Edmund Burke）說：「我所做的，並不是律師告訴我該怎麼做。而是人性、平等與正義支配著我的行為與準則。」

正是這種偉大的生命法則——一種對上帝以及人性的責任感。正是這種責任感讓威靈頓公爵勇敢地捍衛著英語民族的生存——正是這種道德的責任造就了我們這個時代道德生活最絢麗的一章。

「你難道不知道自己的生命處於危險之中嗎？」瑪麗·利弗莫爾（Mary Livermore）對一位年輕漂亮的仁慈女人說。她似乎對自身的安全置之度外，絲毫沒有動搖自己幫助大城市那些飽受疾病困擾的受害者。

「是的。」這個女人回答說，輕輕抬起她那雙棕色的眼睛，注視著提問者。「我也知道這是很危險的。我寧願堅守自己的責任而死去，也不願袖手旁觀地活著。」

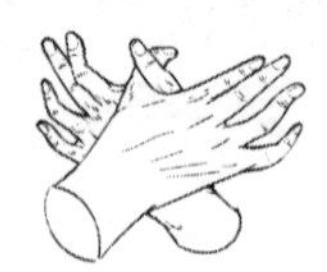

第二十章　道德的勇氣

第二十一章
愛 —— 人生真正的榮光

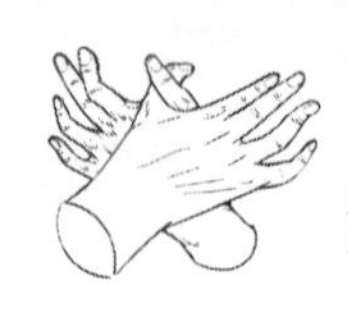

第二十一章　愛—人生真正的榮光

「本世紀英國工人階級的進步歷史，很大程度上取決於一個人的歷史 —— 他就是沙夫茨伯里。」索爾茲伯里說。格萊斯頓也曾這樣地稱讚過這位偉大的改革家：「英國之所以長治久安，並非由於我們制定了完備的法律或是有一群優秀的立法者，而是由許許多多像沙夫茨伯里這樣具有博愛精神的紳士。」

雖然沙夫茨伯里[22]出生在一個顯貴的家庭，但他從早年開始舉擁護窮人與那些被壓迫的人。他拒絕了金錢所帶來的種種誘惑，放棄了安逸與舒適的生活。無論走到哪裡，他都緊跟著自己的理想；不論前方的道路多麼崎嶇，或是遇到多大的阻滯，他仍然一往無前。提高窮苦工人的社會地位，這是他畢生為之奮鬥的一個重要事業。為此，他將大半個世紀的時間都投入於此。而他如何做到的，這仍是一個歷史之謎。

一些破爛的學校、夜校或是普通的學校、破舊不堪的房屋、臨時的帳篷、俱樂部、閱讀室、咖啡廳都被裝飾一新，好像變了魔法一般。而之前髒亂、糟糕的地方以及罪犯猖獗的旅遊勝地現在成為了眾多倫敦窮人娛樂的好去處。水果販、擦鞋者、報童、商店女工、女裁縫、女工人、工廠職員、英國製造業內的男男女女們都將沙夫茨伯里視為上帝派來人間的使者。當他逝世時，整個國家都陷入了一片哀傷之

22　Shaftesbury (1671-1713)，英國政治家、哲學家、作家。

中。無論窮人或是富人、出身顯貴或是低微，都靜靜地跟隨者他的靈柩到了西敏寺。皇室成員、公爵、議員們、商人、政治家、學者、工廠員工、女裁縫、賣花女、煙囱打掃者、水果販，還有這個從這個國家四面八方湧來的勞動者們，他們就好像一家人一樣，共同緬懷這位慈父般的人。

菲利普斯·布魯克斯說：「人生的要義在於奉獻 —— 奉獻別人，而不是限於自我。自我是極為狹隘的。我想對剛剛涉世的年輕人這樣說，也想與歷經世俗磨練的成熟人分享這些。生命並非只是為自我而存在的。正是在奉獻之中，我們的生活得到不斷的昇華。衡量一個人的成功，在很大程度上取決於我們的一生為人類的福祉作出了多大的貢獻。我真的希望自己有能力去說服我的所有聽眾，讓他們明白奉獻的重要意義。在奉獻之中，我們將自己融入別人的生活之中，別人也成為了我們自身的一部分，你與別人合二為一了。你們共同為人類的美好而不斷努力。只有這樣，我們才能真正地接近上帝，讓神性走進我們的心中。我們並非是要向教宗、教士、教堂等人或機構屈服，而是要有自身的獨立性。我們只需皈依於上帝的足下，就夠了。要想過上真正成功的生活，你不能逃遁出這個世界，然後自娛自樂，什麼事都不做。只顧自己，這並非是奉獻的本義。我們必須要放棄自我的存在，讓自己成為這個世界不可分割的一部分，讓自己與

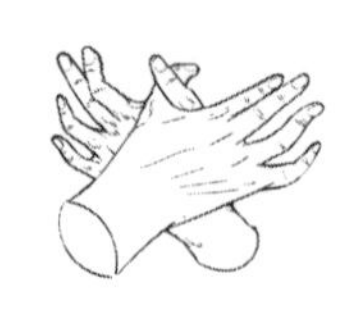

別人更加緊密地融合在一起。讓我們的心容納別人吧，奉獻別人，將隱藏於自身的神性顯露出來。讓這種神性的情感不斷擴張，這樣，你將終身受益。任何真正到達偉大的人，無一不感受到自身與整個人類的命運緊緊地連繫在一起。上帝賜予他的東西，他又奉獻給人類。」

當然，你有很多名字去稱呼它 —— 慈善、仁慈、博愛、無私、兄弟情義 —— 但這些不同的叫法都不能改變愛的本質 —— 正是這愛的五花八門的表達方式，讓人類創造了最偉大的事情，將人類提升到最高的境界，讓我們擺脫了茹毛飲血的低等生活。

科學不斷創造著奇蹟，為我們好奇的雙眼不斷展現一片新的宇宙與世界，按照一定的規律，我們可以讓自然按照我們的意志行事。科學讓隧道穿過高山，河流改變航道，距離被拉進，讓被大洋分離的兩岸緊緊拴在一起。但是，只有愛 —— 以其純化、振奮的影響讓人心為之激蕩。在 19 世紀這個人類文明以史無前例的速度在前進著的年代，只有愛，環繞著整個世界，讓我們向窮人、弱者、悲傷者、受難者伸出援手，讓他們分享人類飛速發展的科技與思想文明所帶來的美好。

「從現在開始，謹遵信念、希望與愛。」聖 · 保羅 (Saint Paul) 寫道。「但三者之中，唯愛最大。」完美的品格基於

愛 —— 對上帝之愛，對鄰人之愛。這是在踐行一種法則，一種獲取成功的法則。

亨利 · 德拉蒙德 (Henry Drummond) 在聖 · 保羅的基礎上對愛進行分析時說：「愛有七種組成成分 —— 耐心、友善、慷慨、謙卑、有禮、無私以及真誠 —— 正是這些成分組成了上天賜予我們的最高禮物 —— 臻於完人。你將會發現，愛與人類，與生活，與熟知的今天或是未來的明日有著不可分割的連繫，而不是虛渺的未知的永恆。我們時常聽到上帝之愛，耶穌基督時常談到對人之愛。我們要與天意和諧共處，讓基督之愛給這個世界帶來和平。」

「人類所能為上帝所做的最偉大事情，就是對他的子民親切友善。我時常會驚訝地發現，為什麼人類之間就不能和睦共處呢？我們是多麼需要這種共處啊！只需我們即時的行動，就可輕易地做到。賜予別人以愛，這是一種無瑕的行為，而我們所能給予的遠超出自身的想像 —— 因為，這個世界沒有什麼比愛更加讓人值得憧憬了。愛永遠不會凋謝，愛就是成功，就是生活。『愛，』我願與白朗寧一起說。『就是生命之源。』

「當你驀然回首人生時，就會發現，那些鮮活的時刻，讓你真正感覺自己是在生活的時刻，都是那些你以一種愛的精神去做事的時候。當記憶瀏覽往事時，越過人生所有短暫

的歡愉，就會跳到那些最為美妙的時刻。當你能夠在毫不知覺的情況下對別人施與善意，這些事情可能顯得那麼瑣碎與不值一談，但你會覺得，正是這些小事讓自己駛進了永恆。在我的一生中，我也算是閱遍了上帝之手所創造的許多美麗事物，我真的很欣賞祂加諸於人類身上的種種美德。但當我回過頭審視自己的一生時，我感覺自己似乎站在眾生之外，上帝在我對笨拙地表達愛意或是小小愛的舉動，讓我感到了祂的存在。這種短暫的經歷只有四到五次。讓我深深感到，愛，是生命所必須堅守的。其他的美德是可以預見的，但是愛的行為是默默的，沒人知道其中所潛藏的不朽力量。」

德拉蒙德[23]接著說：「在非洲的中心，在一些面積龐大的湖周圍，我遇到許多黑人男女，他們唯一還記得的白人就是 —— 大衛．李文斯頓。當你追隨他的腳步，沿著這片曾經黑暗的大陸上行走，當人們談到這位三年前逝世的善良醫生時，臉上總是綻放出微笑。他們也許對他不是很了解，但卻感受到他那顆充滿愛意的心。」世間沒有比愛的善意更持久與讓人感懷了。

「你真的打算駕著這艘小船去迎接大海的風浪嗎？」拿破崙對一位從法國逃出的年輕的英國水手說。當這位水手逃到了布倫港口時，他自己用一些樹枝與樹皮做了一艘小船，他

---

23 Henry Drummond (1786–1860)，英國銀行家。

準備就駕著這樣的船去應對英吉利海峽的巨浪，希望中途能被英國的巡航艦發現。

「如果你同意的話，我會立即上船的。」年輕人說。

「你無疑有一顆愛國的心，你這麼急切地想回到自己的祖國。」拿破崙說。

「我只希望回去見我的母親，她現在年紀大了，生活又貧苦，身體又不行了。」水手說。

「那你就應該回去看她。」拿破崙驚嘆道。「請你代我將這袋金子送給她。她能培養出這樣一位具有孝心與責任感的兒子，肯定是一位偉大的母親。」於是，拿破崙讓這位年輕的水手登上了法國的艦艇，掛著停戰的旗幟，將他送回了英國的艦艇。

愛是打開所有心房的金鑰匙。要想在事業或是生活取得成功，就必須通過這扇魔法之門。我們要將自身這一強大與充滿能量的愛意施與別人，否則，就難以取得最高層次的成功。你可能是出自一種責任感去關愛那些在大城市的貧民窟或是一些天橋下的無家可歸者，或者你就是教會成員，不想對別人不問不管。不管出於哪些原因，我們都要去救濟這些窮人，教會他們一些知識，讓他們更好地生存下去。但若是你沒有發自內心的一種愛意，那麼你的努力最終也是白費工

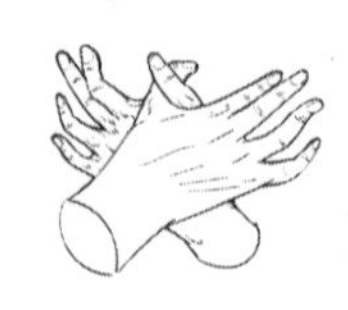

夫。面對許多人對於第一步該如何去幫助那些他們從街上發現的無家可歸者時，一位救濟會成員說：「首先，我們要學會愛他們。」這句是救濟會迅速發展壯大的祕密。

無論你從事什麼工作，無論命運對你開了多大的玩笑，如果你不能以愛待人，你的生活就是一種負累，讓人感到了絕望的深淵。真正的成功的老師，是不會只為了薪水而工作的，不是因為可能的恐懼而保持自律，或是迫使學生去學習，否則就讓他們遭受懲罰。相反，他為了學生的未來而憂心忡忡，心繫自己的工作，至少用一顆寬廣的心去試著幫助那些幼小的心靈。愛讓能力增倍，愛有一種直覺的能力，若是沒有這種能力，否則，它是難以直抵我們靈魂深處的。一個成功的牧師必須受制於一種讓人向上的欲念。他必須要有愛心，否則難以提升別人的心靈。一位真正的律師不僅要熱愛法律，更要熱愛真理與公正，他必須要更加關注顧客的需求，而不是自身的收入或是一些名望。

康維爾[24]說：「當我在耶魯大學讀法學時，有一位家境貧窮的同學。他的衣服顯得有點破舊。但我很喜歡這位同學，雖然我與他很少交往。我之所以對他有一種愛意，是因為他出身於貧窮家庭，但仍然有著強烈的求知欲。我想，如果我處在他的情況，他也會這樣對我的。當他在耶魯讀法學時，

24　Conwell 即 Russell Herman Conwell（1843 –1925），美國演說家、慈善家。

他的夢想就是成為一位法官。這是他的一個堅定目標。但他的父親對此堅決反對，他只能帶著幾件衣服就離開了家。他努力工作，積攢了一些錢，抓緊時間來獲取知識。由於他半工半讀，所以他上不了每節課，他的同學給予了他幫助。同學們將在課堂上記錄的筆記借給他。他熱愛法律，盼望著有朝一日能夠成為一名律師。他熱愛公正，熱愛真理。當別人看到他的決心時，就會說：『他必將會取得成功。』現在，他成為了最高法院的大法官。他之所以取得這樣的成就，雖然與別人的幫助分不開，但是這與他對工作的熱愛的是分不開的。」

讓這個貧窮的年輕人奮起的精神——就是一種對工作的熱愛，對真理與公正的期盼，以一顆無私的心去推動人類共同的利益不斷前進。保持一種愛，這就是我們任何事業取得成功的最大保障。無論你成為一位科學家、演講者、物理學家或是造船者、老師或是醫生；愛，就是你所能給予這個最好的禮物。如果你為了自己的欲望而將別人踩於腳下，你是很難感受真正的人生樂趣。

「你們可能認為為了自我是一種不斷激勵我們前進的方式，」懷特·瑪律維爾說。「但我要告訴你，正是對自我的克制才讓我們做出一系列高尚與善良的舉動，為這個世界增添光彩，讓其顯得更加美麗。」

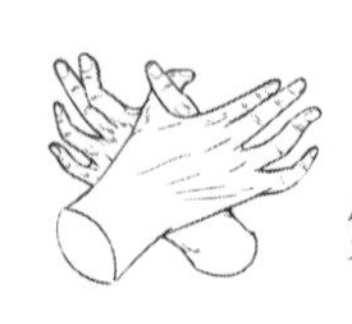

第二十一章　愛—人生真正的榮光

正是一種悲天憫人的愛讓弗羅倫斯·南丁格爾離開了富裕的家庭、親愛的朋友以及原先的舒適與幸福，冒著生命危險在戰場上搶救傷患，在被瘧疾肆虐的克里米亞關愛著病人。

內戰期間，在弗雷德克里斯堡戰役中，數百名受傷的聯軍士兵只能躺在戰場上，他們呻吟著要喝水，但是只有敵人隆隆的炮聲回答。最後，一位來自南方的士兵無法忍受這樣的場面，他懇求長官讓他去拿水給這些受傷者。長官告訴他，如果他一走到對方的炮火之下，就會當場喪命。但是，這些傷者的呻吟在他耳中已經淹沒了炮彈的聲音。他從這些死傷者中走出來，不顧自己的生命去為傷者取水。雙方的士兵們都傻眼了，看著這位英勇的士兵毫不顧忌槍林彈雨。他將取來的水一個個遞給受傷的士兵，讓他們乾裂的嘴唇能夠喝到水。聯軍士兵被這位不顧敵軍炮火的英勇年輕人感動了，他們與盟軍都停火了一個半小時。在這段時間裡，這個年輕人走遍了整個戰場，讓那些口渴的傷患喝水，將他們受傷的肢體擺正，將背包放在受傷者的頭部，給他們輕輕蓋上衣服與外套，好像這些就是他的好兄弟。

蘇格拉底說：「在愛誕生之前，許多恐懼由於我們自身的匱乏而占據著心靈。當上帝駐足於我們心間，所有的這一切都被消除了。」

因為愛正處一種成長的階段，所以許多恐懼之事得以繼續在這個世界上為所欲為。因為人類仍還處於「童年」階段，所以恐懼、憤怒、仇恨、野蠻、自私以及自大都以最原始的方式展現出來。人類的道德仍還處於最原始的階段，為了自身的利益，不顧兄弟情義，囤積他們用不上的金錢，這都是因為他們還沒有認識到愛是什麼。愛的本質就是奉獻。我們自身邪惡的欲念要受到嚴格的控制，不能任其氾濫。若是人類都明白了愛的本義，那麼，這個世界將再也沒有戰爭、仇恨、陰謀或是不擇手段超越別人的欲念。人類的所有低等卑鄙的欲念都會在神性的力量下因恐懼而顫抖與羞愧。

愛是宇宙的一種建設性力量。有愛的地方，我們就能構建起生活的骨架，讓歡樂與美麗成為其堅實的結構。愛，讓落魄者免於潦倒，讓跌倒者不再哭泣，讓絕望的人看到希望的曙光，向沉悶與無聊的生活投下光明，讓弱者的身心得到照顧，為疲憊的旅者碾平崎嶇的道路。愛，總是以無所不在地存在著 —— 教會人類如何面對生活。

在一個鄉村的公墓上，一塊白色的石頭下就是一個小女孩的墳墓。石頭上刻著這樣幾個字：「她的同伴這樣說她：與她在一起時，人就會向善。」這些簡潔的話語就濃縮了一個短暫生命充滿美麗的故事。這個小女孩身上彰顯了基督之愛，這就是走向完美生活的唯一祕密。

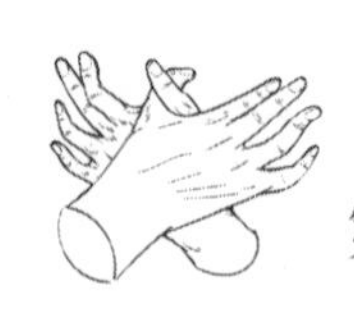

第二十一章　愛—人生真正的榮光

愛驅使著我們向善。即使一個人跌落谷底，仍有機會再次爬升，因為他無法抵擋愛的呼喚。瑪麗．馬格德林的靈魂被上帝之愛所感化，最後，這位罪人成為了聖人。尚．萬強（Jean Valjean），這位維克多．雨果（Victor Hugo）書中不朽的傳奇，由於社會的種種壓迫而犯罪，但在一位善良的主教愛的感化下洗心革面，重新做人，最後成為一位富人，並將自己的後半生都投入於為人類的服務之中。伊莉莎白．弗萊（Elizabeth Frye）在英國監獄裡勞作時，讓那些早已被世人遺忘的牢友們重新燃起了希望與勇氣，將那股被他們忘懷許久的行善勇氣迸發出來。若是沒有這位具有善心的人出現，他們也許永遠也不知道什麼是愛了。她身上的基督之愛可從她對一位同伴的回答中體現出來。當這位同伴看到她對一位被關在倫敦西門的女子監獄的朋友友善相待時，就問她這位朋友到底犯了什麼罪？「我不知道。」弗萊女士說。「我從沒有問過她這個問題。人非聖賢孰能無過。」在我們這個時代，莫德．巴靈頓．布斯讓許多男男女女重新獲得了尊嚴，讓全世界的工人們獲得了應有的地位。要是沒有她的努力，他們可能早就陷入被這個虛偽的社會逼得要去犯罪，最後又被政府將他們抓進監獄的這種惡性循環。

當代一些最著名的慈善家都對窮人懷有一種深深的愛。

「五年前，布列塔尼的一位年輕助理牧師突發奇想有了一個想法。」一位作家最近說。「他自己沒有能力去幫助窮人，因為他的年薪才只有 80 美元，他的朋友們都在貧窮中掙扎著。他的這個想法很簡單，但聽起來又有點荒唐，那就是窮人應該幫助窮人。這位熱心的年輕人說服了三個婦女去幫助他。其中兩人是裁縫，另一個則是做僕人。這四個人都同意將他們的薪水用來開始一項新的實驗。

「所以，在聖．塞爾文的貧窮大街上，許多貧窮的人們被組織起來了。在一個破爛的閣樓裡，第一批領取養老金的是兩位老婦人，她們得到了妥善的照顧。珍妮．茱根是這一團體的第一位發起人。」

「正是那位年輕助理牧師的一個看似荒謬的想法，讓貧窮的人們自我幫助。在那間破舊房子的行為拉開了近代宗教與慈善活動轟轟烈烈的運動。耶穌基督的出身也是極為卑微的。時至今天，在整個歐洲大陸上，有超過 250 個分支機構，每天為超過三萬三千貧窮的老年人提供食物與庇護。」

在今天，在大城市裡，我們時常可以看到許多姐妹會的成員們提著籃子或是推著小車在街上救濟窮人的情景。阿貝．勒．佩勒爾在生前看到了他當年的夢想成為了現實。

大約在兩年前，一位名叫安妮．麥當勞 (Anny Mcdonald) 的製衣工人在紐約死去。她將自己所留下的價值兩百美元的財產全部用於為殘疾兒童建立房子的計畫之中。當時，

第二十一章　愛—人生真正的榮光

許多慈善機構都在幫助窮人，但是在大城市茫茫人群中的那些殘疾兒童卻被忽視了。這位製衣工人想起了要為這些孩子提供幫助，為此，她將兩百美元投入這項慈善事業之中，還有一個人捐款了兩千美元，因此成立了黛西·菲爾德斯慈善會。在著名的巴里塞德斯岩壁之後，離哈德遜河不遠處，是一片廣闊的土地，這裡，夏天長滿了雪白的雛菊，冬天則覆蓋著白雪，矗立著一座面積不大的醫院。這座醫院收留著許多殘疾的兒童，他們在這裡不會被送走。在他們被治好或是能自力更生之前，都會得到這裡的庇護。

但對於生活貧窮的蘇菲·萊特老師來說，新奧爾良這個地區根本沒有為年輕男女提供免費的夜校課程的機會。她當時只有 16 歲而已，但從 12 歲起，她就自立了。她親眼看到新奧爾良地區許多年輕男女們失去了接受教育的機會。她曾嘗試說服一些公立學校去讓這些學生上夜校，但以失敗告終。於是，她向這些輟學的學生們敞開自家大門，讓他們接受教育。在白天忙碌地教書之後，在晚上，她出於一種善意，義務去教這些學生。她呼籲別人參加這種義務教書的活動，得到了熱烈的響應。現在，接近一千名學生參加她組建的學校。有的一家老小一起上課，有的年過半百，有的還只是小孩子，他們都坐在同一間教室裡。入學的唯一要求就是，他們的確是窮得沒錢上學了，而且有著強烈的求知欲望。許多成年人與孩子都是赤腳過來上課的。她與其他的教師都想盡辦法去為他們買鞋子與書籍。透過一些朋友的慷慨解囊，她不斷地擴大該學校的規模。一年年過去了，她的學校具有的課程包括繪畫、描摹、黏土製模、音樂、記帳的全課程以及其他的教務工作。

每個人應該都對德國裔英國的慈善家喬治·穆勒有所了解吧。他在 19 世紀上半葉在阿斯利·坦斯這個地方開辦了一間著名的孤兒院。他剛開始沒有錢去創辦這樣的機構，但是他對窮苦、無家可歸的孤兒們的愛，讓他堅信一點，上帝一定會讓這樣的事業繁榮起來的。這個偉大的機構，可以說是他的愛與信仰的產物，讓數以千計的流浪兒得到庇護之所，而資金的來源則完全是人們自願的捐款。

這些善良的心靈，一心只想著別人，沒有顧念自己，卻實現了 O · B · 弗洛辛厄姆所說的真理：「秉持一顆寬廣之心，想想自己應如何去服務別人。這樣，你自然就會慢慢成長。屬於你的份額不會被別人搶去，你的身上將散發出一種力量。盡力從善，做到最好。」

將友善、愛與仁慈撒播給任何與我們交往的人，這樣，人們是不會忘記的。沙夫茨伯里、庫珀、皮博迪與穆勒等人並不需要銅像或是大理石的雕像來讓人們銘記他們的名字。這些慈善家的名字已經深深嵌入了國民的心中，他們所做的工作鑄就了最為堅固的紀念碑。他們的芳名流傳百世，在他們工作的受益者心中永世流傳。

我們應以別人行為的結果來認識他們。一個人的生命若是能結出善意的果實，這是我們得到上帝青睞的唯一方式了。

傳說有一位世外隱士，他在堤博多的山洞裡住了六十年，在那裡齋戒、祈禱以及苦修，花上一輩子的時間想與上帝有所接近，這樣他就可以在天堂上確保自己的一席之地。但他卻仍不知道何謂真正的神聖的舉動。某晚，一位天使對他說：「如果你想在道德或是聖潔方面上超越別人，那就試著去模仿那位挨家挨戶乞討與唱歌的吟遊詩人吧。」這位隱士聽後感到很不滿，於是找到了這位吟遊詩人，質問他為什麼會更受上帝的恩寵。詩人低下頭回答說：「我的天父，不要嘲笑我。我從沒有做過善事。我連祈禱的權利都沒有。我只是挨家挨戶地用我的提琴與橫笛來取悅別人而已。」

隱士堅稱，他必然是做了某些善事。詩人回答說：「我沒有。我並不覺得我做了什麼善事。」

「但你為什麼會變成一個乞丐，難道你肆意地揮霍了財富嗎？」

「不是的。」詩人回答說。「我曾看到一位貧窮的婦女在大街上到處遊蕩，神情恍惚，因為她的丈夫與兒子都被賣去做奴隸還債了。我將她帶回家，以免讓她落入惡魔之手，因為她的相貌挺不錯的。我將自己的全部身家都給了她，讓她贖回丈夫與兒子，重新組成家庭。難道別人碰到這樣的情況，不會像我這樣做嗎？」

隱士落淚了。他說，在自己的一生中所做的事情，都比不上這位貧窮的吟遊詩人。

豪厄爾斯說：「我認為，人生並不能為了永無止盡的個人欲望而奮鬥，而是應為全人類的幸福而不懈努力。這才是最大的成功所在。」這不過是對耶穌基督以下這句話的解讀而已：戚戚於自身之人，最終失去；忘我付出之人，終能收穫。過分關注自我的男女是很難感受到人類憐憫之情所帶來的震撼之感，無法從一個善舉中汲取靈魂的養分。這些人是失去了一個凡人所能享受的最高級享受。喬治·柴爾德斯將自己光榮勞動獲取的財富看做一筆應造福於人的金錢，只不過這些錢只是暫由自己保管而已。他說：「如果別人問我，在我的一生中，什麼事情最能帶給我無限幸福的話，我的回答就是向人行善。」在另一場合上，他說：「我覺得，小孩子從小就應被教育要施與，與朋友分享他們的所有。如果他們在這種氛圍下成長，就很容易養成慷慨的性格，否則，他們的天性更容易趨向卑鄙的一面。而卑鄙會逐漸吸乾我們的靈魂。」

羅斯金說：「人有義務去愛別人，否則，我們就沒有其他

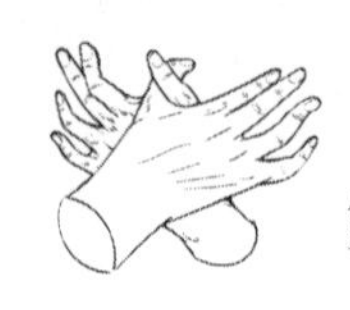

途徑去償還對上帝所欠下的愛與關懷。」

如果你真的沒有什麼可施與，你也可以用自己善言善舉去幫助別人。這無需一分一毛，卻可以給別人帶來快樂，同時讓自己的品格得到洗滌與昇華。

塞勒斯只給了廷臣阿爾塔巴佐斯一杯金子，但卻給了他最喜歡的克里山德斯一個吻。因此，廷臣說：「陛下，你給我的一杯金子比不上你給克里山德斯的一個吻。」無論我們年齡多大，地位高下，每個人的心中讀渴望著愛。良言與憐憫通常都能比單純的物質更讓我們感動。

若是我們的施與沒有愛的成分，就是徒有虛影而已。不僅達不到施與的本意，反而傷害了施與者與接受者。聖·保羅說：「即使我將所有的食物都拿去救濟窮人，讓自己為別人操心，但若是沒有愛，於我而言，仍是一無所獲。」

愛在善意與謙遜的舉止中顯得奪目耀眼。只要心中有愛，我們的行為自然就會得體。我們可讓一位沒有接受過教育的人與上流人物交往，只要他的心中有愛，就不會顯得不得體。但是，他們卻不願意這樣。卡萊爾在談到羅伯特·彭斯[25]時，稱歐洲大陸沒有比這位農民詩人更純的紳士了。這是因為他真的熱愛一切事物 —— 田野上的老鼠與雛菊，以及

25　Robert Burns（1759-1796），蘇格蘭著名的農民詩人。

上帝創造的大小事物。正是懷著這種簡單與謙卑之心，他能與任何人融洽相處，可以進入宮殿，也可安然地呆在位於埃爾河畔的小木屋裡。

愛具有一種催人振奮的力量，讓所有擁抱它的人都能提升到應有的層次。世上唯一能讓農夫與國王都感到幸福的，只有愛。若有愛，茅茨之屋如繁華的宮殿，沒有愛，宮殿變茅茨。湯瑪斯．坎普斯在一時精神狂熱時這樣說：「沒有比愛更加甜蜜的了，這個世上沒有比愛更加勇敢、崇高、寬廣、愉悅與圓滿了。因為愛居於善良之中，只能棲息於上帝懷中，卻創造世間萬物。」

國家圖書館出版品預行編目資料

有過財富，但都過去了：投資理財 × 工作態度 × 尋找目標 × 權衡他人，給職場人士的生存建議，奧里森．馬登的 21 堂「守」富課 / [美] 奧里森．馬登（Orison Marden）著；郭繼麟 譯 . -- 第一版 . -- 臺北市：財經錢線文化事業有限公司 , 2023.05

面；　公分

POD 版

ISBN 978-957-680-633-9(平裝)

1.CST: 職場成功法 2.CST: 自我實現

494.35　112005272

有過財富，但都過去了：投資理財 × 工作態度 × 尋找目標 × 權衡他人，給職場人士的生存建議，奧里森．馬登的 21 堂「守」富課

作　　者：[美] 奧里森．馬登（Orison Marden）

翻　　譯：郭繼麟

發 行 人：黃振庭

出 版 者：財經錢線文化事業有限公司

發 行 者：財經錢線文化事業有限公司

E-mail：sonbookservice@gmail.com

粉 絲 頁：https://www.facebook.com/sonbookss/

網　　址：https://sonbook.net/

地　　址：台北市中正區重慶南路一段六十一號八樓 815 室

Rm. 815, 8F., No.61, Sec. 1, Chongqing S. Rd., Zhongzheng Dist., Taipei City 100, Taiwan

電　　話：(02)2370-3310　　　傳　　真：(02) 2388-1990

印　　刷：京峯彩色印刷有限公司（京峰數位）

律師顧問：廣華律師事務所 張珮琦律師

定　　價：350 元

發行日期：2023 年 05 月第一版

◎本書以 POD 印製